高等职业教育机电类专业系列教材

FANUC 数控系统连接与调试实训

主编 罗英俊 张 军
参编 宁玉红 魏 巍 蒲德星 李广军 王长全
主审 李政为

机械工业出版社

本书采用项目化模式，以具体项目任务为主线，将理论知识和技能训练相结合，融理论教学与实践于一体，除理论内容以外，还配套编写了15个实训项目，在介绍相关知识的同时，力求培养学生的动手能力和实际操作能力，做到理论与实践一体化。

全书主要内容包括 FANUC 0i-D 数控系统的硬件结构与连接、数控系统的基本操作、参数设定、PMC 编程、数控机床动作设计与调试、数据备份与恢复等，将数控系统的连接与调试工作进行任务分解，体现了从单项知识、技能学习到综合技能学习、训练的培养过程。

本书配有电子课件，凡使用本书作为教材的教师可登录机械工业出版社教育服务网 www.cmpedu.com 注册后免费下载。咨询电话：010-88379375。

图书在版编目（CIP）数据

FANUC 数控系统连接与调试实训/罗英俊，张军主编. —北京：机械工业出版社，2023.10（2025.6 重印）

高等职业教育机电类专业系列教材

ISBN 978-7-111-73423-9

Ⅰ.①F… Ⅱ.①罗…②张… Ⅲ.①数控机床-数字控制系统-连接技术-高等职业教育-教材②数控机床-数字控制系统-调试方法-高等职业教育-教材 Ⅳ.①TG659

中国国家版本馆 CIP 数据核字（2023）第 116920 号

机械工业出版社（北京市百万庄大街 22 号　邮政编码 100037）
策划编辑：刘良超　　　　　　责任编辑：刘良超
责任校对：牟丽英　王　延　　封面设计：鞠　杨
责任印制：常天培
河北虎彩印刷有限公司印刷
2025 年 6 月第 1 版第 2 次印刷
184mm×260mm・15 印张・368 千字
标准书号：ISBN 978-7-111-73423-9
定价：49.80 元

电话服务　　　　　　　　　　网络服务
客服电话：010-88361066　　　机　工　官　网：www.cmpbook.com
　　　　　010-88379833　　　机　工　官　博：weibo.com/cmp1952
　　　　　010-68326294　　　金　　书　　网：www.golden-book.com
封底无防伪标均为盗版　　机工教育服务网：www.cmpedu.com

　　数控系统是集光机电于一体的典型机床控制设备，涉及众多学科和技术领域，对其连接、调试与维修维护人员有较高的技能要求。本书以 FANUC 0i – D 数控系统为载体，参照相关国家职业技能标准，以职业实践活动为主线，注重应用性与实践性，旨在提高学生的操作技能水平。

　　本书采用项目化模式，以具体项目任务为主线，将理论知识和技能训练相结合，融理论教学与实践于一体，除理论内容以外，还配套编写了 15 个实训项目，在介绍相关知识的同时，力求培养学生的动手能力和实际操作能力，做到理论与实践一体化。

　　全书主要内容包括 FANUC 0i – D 数控系统的硬件结构与连接、数控系统的基本操作、参数设定、PMC 编程、数控机床动作设计与调试、数据备份与恢复等，将数控系统的连接与调试工作进行任务分解，体现了从单项知识、技能学习到综合技能学习、训练的培养过程。

　　本书由罗英俊、张军主编，宁玉红、李广军、王长全、魏巍、蒲德星参与编写，全书由罗英俊统稿。编写分工为：项目一和实训一、实训二由宁玉红编写；项目二和实训三～实训七由张军编写；项目三由李广军、王长全编写；项目四、项目五、项目六由罗英俊编写，实训八～实训十五由魏巍、蒲德星编写。北京发那科机电有限公司李政为审阅了全书并提出了宝贵意见。

　　本书编写过程中，北京发那科机电有限公司的工程师给予了大力支持与帮助，本书还参考了 FANUC 公司以及其他作者的大量文献资料，在此一并致以诚挚的谢意。

　　由于编者水平有限，书中不足之处在所难免，恳请读者批评指正。

编　者

前言
项目一 FANUC 0i – D 数控系统的硬件结构与连接 ………… 1
 任务一 FANUC 0i – D 数控系统的组成认知 ………… 1
 任务二 伺服放大器模组认知 ………… 13
 任务三 FANUC 0i – D 数控系统的硬件综合连接 ………… 22

项目二 FANUC 数控系统的基本操作 ………… 33
 任务一 FANUC 数控系统操作面板认知 ………… 33
 任务二 FANUC 数控系统画面操作 ………… 37

项目三 FANUC 0i – D 数控系统的参数设定 ………… 55
 任务一 FANUC 0i – D 数控系统参数认知及设定 ………… 55
 任务二 基本参数的设定 ………… 59
 任务三 伺服参数的设定 ………… 78
 任务四 主轴相关参数的设定 ………… 92

项目四 数控系统 PMC 编程 ………… 96
 任务一 数控系统 PMC 认知 ………… 96
 任务二 FANUC I/O 接口单元连接 ………… 103
 任务三 PMC 画面与操作 ………… 110
 任务四 FANUC Ladder – Ⅲ软件的使用 ………… 121
 任务五 数控系统典型控制功能 PMC 编程 ………… 131

项目五 数控机床动作设计与调试 ………… 147
 任务一 机床运行准备信号 ………… 147
 任务二 手动运行 ………… 153
 任务三 建立与调整参考点 ………… 162
 任务四 自动运行 ………… 170
 任务五 辅助功能 ………… 180
 任务六 主轴速度控制 ………… 185

项目六 数据备份与恢复 ………… 193
 任务一 BOOT 画面数据备份与恢复 ………… 193
 任务二 文本格式的系统参数备份 ………… 195
 任务三 PMC 参数和程序的备份 ………… 197

参考文献 ………… 200
FANUC 0i – D 数控系统实训手册

FANUC 0i-D 数控系统的硬件结构与连接

任务一 FANUC 0i-D 数控系统的组成认知

【任务目标】

1) 了解 CNC 的含义、用途及数控机床的结构。
2) 了解 FANUC 数控系统。
3) 掌握 FANUC 数控系统的硬件组成和结构。

【相关知识】

一、CNC 概述

1. NC 的含义

NC 是 Numerical Control(数值控制装置)的缩写,它用于自动地控制机床工作台、刀架等部件的位置和速度。NC 以前是由晶体管、IC 等电子元件构成的。随着科技的进步,微型计算机组成了 NC 并进一步商品化,这种 NC 称为 CNC(Computerized Numerical Control)。CNC 除了控制机床以外,还广泛地应用在控制机器人等方面。

在控制器构成方面,NC 和 CNC 的不同点如下:

(1) 硬件 NC 运算和控制的顺序回路是由晶体管、二极管、电阻、电容等电器元件构成的。扩展功能依赖控制回路(硬件),因此功能的扩展受限制。

(2) 软件 NC(即 CNC) 内部装有微型计算机、微型处理器和存储回路。运算及控制逻辑等大部分 NC 功能由软件处理。扩展功能主要由软件进行,因此扩展性好。

2. CNC 的用途

CNC 的主要用途如下:

1) 用于金属切削。如孔加工、镗削、铣削、车削、切螺纹、切平面、轮廓加工、雕模、坐标镗削、平面磨削、轧辊磨削等。
2) 用于线切割电加工机床。
3) 用于冲孔、金属成形、冲压、弯管等。
4) 用于产业机器人。
5) 用于塑料成型机。
6) 用于测量曲面、平面坐标。

7）用于激光加工机、气体切割机、焊接机、制图机、印刷机等。

3. CNC 机床的构成

CNC 机床的构成如图 1-1-1 所示。

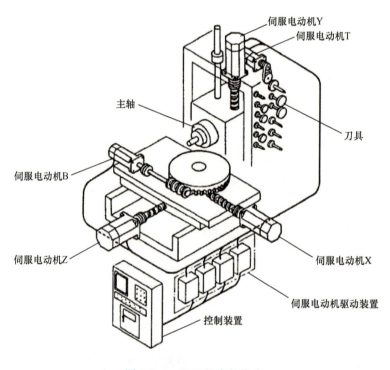

图 1-1-1　CNC 机床的构成

CNC 机床有主轴、溜板和回转工作台等运动部件，用 NC 控制这些运动部件时，事先需要统一指定这些运动部分的轴的名称和运动方向。如果没有统一的规定，编程时就会造成混乱。

坐标轴一般用 X、Y、Z 表示，沿着这些轴的运动也用 X、Y、Z 表示。另外，沿着坐标轴回转的运动用 A、B、C 表示，沿着平行于 X、Y、Z 轴的运动用 U、V、W 表示。通常，把与机床主轴平行的轴作为 Z 轴。

根据以上规定，加工作业的编程可以用固定在工件上的右手直角坐标系（图 1-1-2）进行，即在机床上，有工件移动和刀具移动两种情况，但编程时，假定工件固定，刀具围绕工件运动，并按规定的机床运动方向进行编程。

图 1-1-2　右手直角坐标系

4. CNC 控制单元的构成

CNC 控制单元的构成框图如图 1-1-3 所示。

1）主 CPU（中央处理单元）。用写在 ROM 里的 CNC 控制软件，通过地址总线/数据总线控制各 NC 语句。

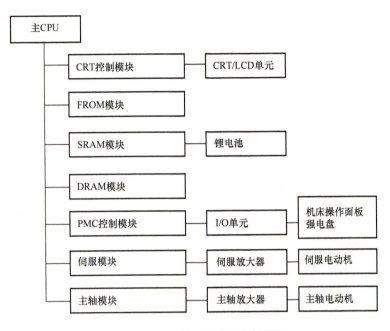

图 1-1-3　CNC 控制单元的构成框图

2）CRT 控制模块。控制 CRT 画面和 LCD 画面的显示内容。

3）FROM 模块（快速只读存储器）。存储 CNC 及伺服的控制软件、PMC 的内容等。

4）SRAM 模块（静态随机存取存储器）。存储加工程序和参数。为了防止断电时存储的内容消失，需要用电池保存存储的数据。

5）DRAM 模块（动态随机存取存储器）。执行加工程序时使用的存储模块。

6）PMC 控制模块（可编程控制器）。处理 NC 与机床接口的模块。在顺序回路中有 CNC 的专用命令。

7）I/O 单元。输入/输出单元。

8）操作面板/强电回路。与 I/O 单元连接的机床的控制面板和操作面板。

9）伺服模块。控制伺服电动机的模块。

10）伺服放大器。驱动伺服电动机的放大器。

11）伺服电动机。根据 CNC 的指令，伺服电动机可以控制 CNC 机床的工作台运动和刀具回转。

二、FANUC 0i-D 数控系统简介

FANUC 0i-D 数控系统采用 FANUC 31i/32i 平台技术，可以实现高精度纳米加工，具有优异的操作性能。

1. FANUC 0i-D 系统类型

FANUC 公司生产的 FANUC 0i-D 系统包括加工中心、铣床用的 0i-MD/0iMate-MD 和车床用的 0i-TD/0i Mate-TD，各系统的配置见表 1-1-1。

表 1-1-1　FANUC 0i – D 系统配置

系统型号		适用机床	放大器	电动机
0i – D 最多 8 轴	0i – MD	加工中心，铣床等	αi 系列放大器 βi 系列放大器	αiI、αiS 系列 βiI、βiS 系列
	0i – TD	车床	αi 系列放大器 βi 系列放大器	αiI、αiS 系列 βiI、βiS 系列
0i Mate – D 最多 4 轴	0i Mate – MD	加工中心，铣床等	βi 系列放大器	βiS 系列
	0i Mate – TD	车床	βi 系列放大器	βiS 系列

（1）FANUC 0i – MD　FANUC 0i – MD CNC 如图 1-1-4 所示，适用于加工中心、铣床、磨床等机床，可灵活应对各种机械结构，最多控制 8 轴。特点如下：

1）可使用 αi、βi 系列伺服。
2）AICC Ⅱ、纳米平滑、加速度控制。
3）倾斜面分度指令。
4）主轴同步控制（用于经济型大型机床）。
5）EGB、FSC 功能（用于齿轮机床）。
6）刀具管理、刀具寿命管理功能。
7）双安全检查（符合国际标准的安全功能）。
8）标准嵌入式以太网、USB 接口。
9）各种二次开发工具。

（2）FANUC 0i – TD　FANUC 0i – TD CNC 如图 1-1-5 所示，适用于各种通用车床、双路径车床以及车削中心等，可灵活应对车床的各种机械结构，1 路径车床最多控制 8 轴，2 路径车床最多控制 11 轴。特点如下：

1）可使用 αi、βi 系列伺服。
2）AICC Ⅱ。
3）基于伺服电动机的主轴控制。
4）主轴同步控制（用于经济型大型机床）。
5）刀具管理、刀具寿命功能。

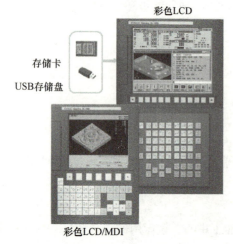

图 1-1-4　FANUC 0i – MD CNC

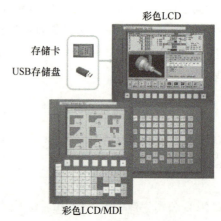

图 1-1-5　FANUC 0i – TD CNC

6)双安全检查。

7)标准嵌入式以太网、USB 接口。

8)各种二次开发工具。

(3) FANUC 0i – PD　FANUC 0i – PD CNC 如图 1-1-6 所示,支持冲压轴控制功能,适用于各类压力机,最多控制 7 轴。特点如下:

1)可使用 αi、βi 系列伺服。

2)压力机专用功能包。

3)伺服电动机冲压轴控制功能(RAM 轴/伺服冲头,可选 BFM 自制设定工具)。

4)双安全检查。

5)标准嵌入式以太网、USB 接口。

6)各种二次开发工具。

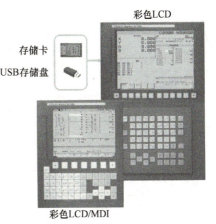

图 1-1-6　FANUC 0i – PD CNC

(4) FANUC 0i Mate – D　FANUC 0i Mate – D 型 CNC 适用于经济型加工中心、数控车床、磨床等机床,具有高性价比。特点如下:

1)使用 βi 系列伺服。

2)AICC I。

3)刀具寿命管理功能。

4)标准嵌入式以太网、USB 接口。

5)各种二次开发工具。

(5) FANUC 0i – D 规格表　FANUC 0i – D 基础功能见表 1-1-2,加工功能见表 1-1-3,通信功能见表 1-1-4。

表 1-1-2　FANUC 0i – D 基础功能

	0i – MD	0i – TD	0i – PD	0i Mate – MD	0i Mate – TD
总控制轴数	8	11	7	6	6
伺服轴数	7	9	7	5	5
主轴数	2	4	0	1	2
联动轴数	4				
系统路径	1	2	1	1	1
最小设定单位	0.0001mm(0.1μm)				
控制单位	1nm				
程序容量	2MB	1MB	2MB	512KB	512KB
刀具补偿组数	400	200	32	400	99
刀具寿命管理组数	128	256	不可选	128	128
PMC 容量	64000 步			24000 步	
嵌入式以太网	标准功能				
USB 接口	标准功能				
人机界面开发	FANUC PICTURE、C 语言执行器、宏执行器				

表 1-1-3　FANUC 0i – D 加工功能

	0i – MD	0i – TD	0i – PD	0i Mate – MD	0i Mate – TD
直线插补	○	○	○	○	○
圆弧插补	○	○	○	○	○
螺旋线插补	○	☆	○	○	-
圆柱插补	○	○	-	☆	○
极坐标插补	-	○	-	-	○
双向螺距误差补偿	☆	☆	☆	-	-
直线度补偿	☆				
双位置反馈	☆	☆	☆		
轮廓控制	AICC Ⅱ	AICC Ⅱ	AI APC	AICC	AICC
复杂曲面加工	纳米平滑	-	-	-	-
通用辅助编程软件	Manual Guide i Manual Guide 0i	Manual Guide i Manual Guide 0i	-	Manual Guide 0i	Manual Guide 0i
车床专用辅助编程软件	-	Turn Mate i	-	-	Turn Mate i

注：○—标准配置　☆—选项配置　- —不可选

表 1-1-4　FANUC 0i – D 通信功能

	0i – MD	0i – TD	0i – PD	0i Mate – MD	0i Mate – TD
快速以太网	☆	☆	☆	-	-
数据服务器	☆	☆	☆	-	-
Profi – BUS	☆	☆	☆	-	-
DeveiceNet	☆	☆	☆	-	-
FL – net	☆	☆	☆	-	-
Modbus/TCP	☆	☆	☆	-	-
机器人连接功能	☆	☆	☆	-	-

注：☆—选项配置　- —不可选

2. FANUC 0i – D 数控系统的先进性

（1）高可靠性、易于维护的硬件技术　采用 ECC（纠错码）技术实现高可靠性，如图 1-1-7 所示。ECC（纠错码）技术是附加纠错码在传输数据上，即使数据出错也可对其进行纠正的高可靠性技术，应用于 CNC 内部存储器、FSSB 以及 CNC 内部总线，便于推断出有故障的部件，在噪声、振动和油雾等严酷环境下也可确保高可靠性。在实际生产中，剧烈的振动可能造成接插件部位的接触不良，强电磁干扰、油雾或金属粉的附着等都有可能引起故障，利用 ECC 的高度检错能力，一旦发生了故障，在报警画面上就会显示故障的原因和需要更换的部件位置，从而降低故障停机时间。

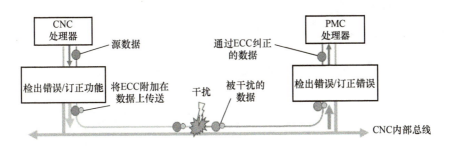

图 1-1-7　ECC 技术示意图

（2）方便维修，操作性、维护性能提升　采用便于拆装的风扇和电池，提高了可维护性，风扇、电池采用无电缆结构，轻轻一按即可拆装，如图 1-1-8 所示。

（3）数据自动备份　将 CNC 的 FROM/SRAM 中所保存的数据自动备份到不需要电池的 FROM 中，并根据需要加以恢复。具有两种备份方式，一是每次通电时备份，二是以指定的周期在通电时备份。也可以手动进行备份，最多保存 3 个备份数据，可快速恢复选择的备份数据。此外还具有增强的历史记录功能，可记录刀具偏置、工件偏置、用户宏程序公共变量等数据的更新历史，可记录报警发生时的报警信息、模态数据、位置信息等，如图 1-1-9 所示。

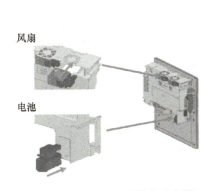

图 1-1-8　风扇、电池拆装示意图

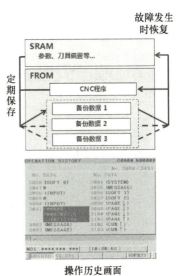

图 1-1-9　备份及历史记录

（4）安全检查功能
1）安全降速检查。
2）终点位置安全检查。
3）安全 I/O 信号检查。

4）安全区域检查。

5）安全主轴停止。

6）安全抱闸测试。

三、FANUC 0i-D 数控系统的组成和结构

（1）FANUC 0i-D 数控系统的组成 如图 1-1-10 所示。

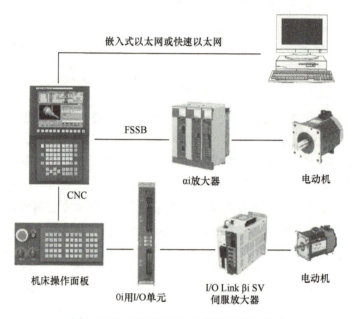

图 1-1-10 FANUC 0i-D 数控系统的组成

（2）FANUC 0i Mate-D 数控系统的组成 如图 1-1-11 所示。

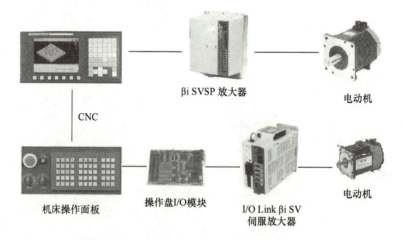

图 1-1-11 FANUC 0i Mate-D 数控系统的组成

（3）FANUC 0i-D 系统的内部功能结构图 如图 1-1-12 所示。CNC 控制工作机械的位置和速度，应用范围十分广泛。

项目一　FANUC 0i-D数控系统的硬件结构与连接

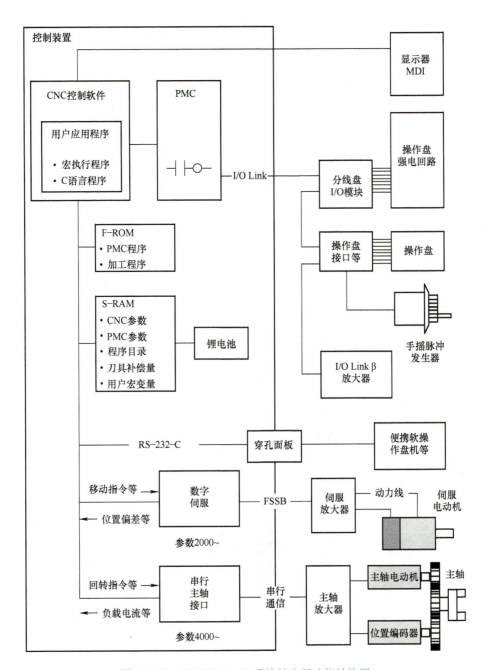

图1-1-12　FANUC 0i-D系统的内部功能结构图

PMC（Programmable Machine Controller）是为机床控制而制作的，装在CNC内部的顺序控制器。它读取机床操作面板上的（自动运转、启动等）按钮的状态，指令（自动运转、启动）CNC，并根据CNC的状态（报警等）点亮操作盘上的相关指示灯。

CNC控制软件、PMC控制软件和顺序程序等都存在快速只读存储器F-ROM中，F-ROM是可在电气上把内容全部擦除的ROM。通电时，BOOT系统把这些控制软件传送到DRAM（Dynamic RAM）中并根据程序进行CNC处理。DRAM在断电后，其中的数据全部

9

消失。

CNC 具有通用性，使之能在各种机床上使用。进给轴的快速速度和轴名称等，不同的机床有不同的值，可以在 CNC 参数中进行设定。另外，在 PMC 上使用的计时器和计数器等统称为 PMC 参数。

此外，设定的刀具长度及半径补偿量等，在机床开发完成后进行修改的数据，均被保存在 SRAM 内。

记录轴移动指令的加工程序，记录在 F-ROM 中。但是加工程序的目录记录在 SRAM 中。CNC 控制软件读取 SRAM 内的加工程序，并经插补处理后把移动指令发给数字伺服软件。

数字伺服 CPU 控制机床的位置、速度和电动机的电流。通常，1 个 CPU 控制 4 个轴。由数字伺服 CPU 运算的结果通过 FSSB 伺服串行通信总线送到伺服放大器。伺服放大器对伺服电动机通电，驱动电动机回转。

伺服电动机的轴上装有脉冲编码器，由脉冲编码器把电动机的移动量和转子的角度送给数字伺服 CPU。

脉冲编码器有以下两种：
1）断电后还能监视机床位置的绝对脉冲编码器。
2）上电后检测移动量的增量脉冲编码器。

机床上有名为参考点（机械原点）的基准点。绝对编码器一旦参考点设定完成后，接上电源即可知道机床位置，所以机床可以立即运转。增量编码器为了使得机床位置和 CNC 内部的机床坐标一致，每次接通电源后，都要进行返回参考点操作。

（4）控制器的种类 控制器采用显示器一体型的结构，即液晶显示（LCD）与 CNC 控制器集成为一体，前端为 LCD 显示器，后端为 CNC 控制器。可配置 8.4in⊖、10.4in 等规格，如图 1-1-13 所示。控制器的外形尺寸因使用的选项板的数量不同而不同。

8.4in 水平安装彩色 LCD/MDI

8.4in 垂直安装彩色 LCD/MDI

10.4in 垂直安装彩色 LCD/MDI

图 1-1-13 采用显示器一体型结构的控制器

（5）数控系统主板的结构 数控系统主板主要由中央处理单元（CPU）、轴控制卡、显示控制卡、存储器、电源模块以及各种接口构成。

1）中央处理单元（CPU）。负责整个系统的运行与管理，通常由多个 CPU 作为功能模

⊖ 1in = 25.4mm。

块，构成多微处理器数控系统，提高数控系统的运行速度。

2）轴控制卡。FANUC 数控系统目前主要采用全数字伺服控制，由伺服控制软件及硬件结构完成全数字伺服控制。该硬件结构及其相关电路称为轴控制卡。

3）显示控制卡。显示器控制以及图形控制。

4）存储器。FANUC 数控系统的存储器包括用于存放系统软件及最终用户 PMC 程序的 FROM 存储器、用于存放加工程序和数据的 SRAM 存储器以及工作存储器 DRAM。

5）电源模块。包括 DC 24V 主板工作电源以及 DC3V 存储器后备电池等。

6）各种接口。主板接口主要由电源接口、主轴接口、伺服接口、通信接口、MDI 键盘接口、软键接口、I/O 接口等组成。

数控系统主板的基本配置及选择配置如图 1-1-14 所示，数控系统的选择配置通过扩展方式实现。数控系统主板元器件布局如图 1-1-15 所示，数控系统主板上各接口位置如图 1-1-16 所示。

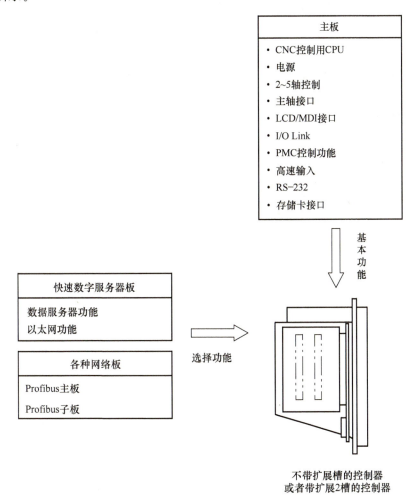

图 1-1-14　数控系统主板的基本配置及选择配置

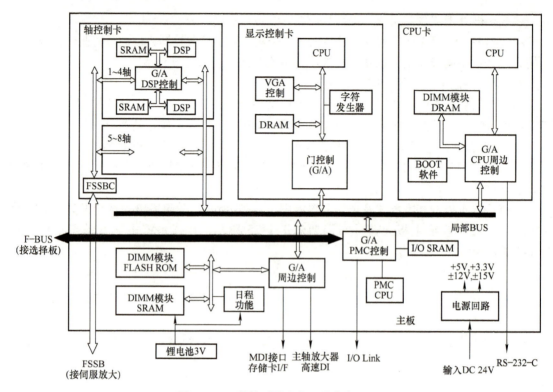

图 1-1-15 数控系统主板元器件布局图

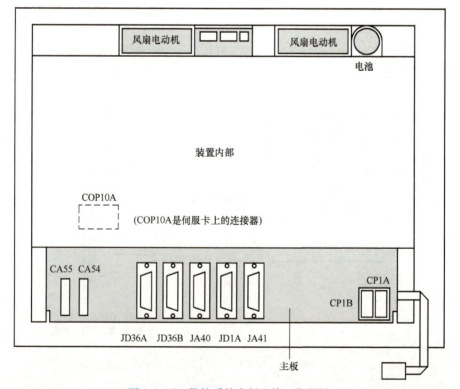

图 1-1-16 数控系统主板上接口位置图

任务二 伺服放大器模组认知

【任务目标】

1) 了解 FANUC 数控系统伺服放大器的构成及用途。
2) 认识 FANUC 数控系统的电源模块、伺服放大器模块以及主轴放大器模块。
3) 掌握各模块接口的作用。
4) 了解 FANUC 伺服电动机型号、规格。

【相关知识】

伺服放大器是一种高速、高精度、高效率的智能化伺服系统,它可促进机床达到高速、高精度加工要求,其结构设计特点主要采用模块化紧凑设计。FANUC 数控系统的伺服驱动系统分为 αi 系列和 βi 系列,这两种系列伺服在性能上有所不同,但在外围电路连接上有很多相似之处。FANUC 数控系统的伺服放大器模组主要由电源模块(PSM)、伺服驱动模块(SVM)、主轴驱动模块(SPM)组成。

一、电源模块

(1) 电源模块的用途 电源模块的作用是将 L1、L2、L3 输入的三相交流电(一般为 220V)转换成 300V 的直流电,为主轴模块和伺服模块提供直流电源;将 CX1A 控制端输入的交流电转换成直流电(DC 24V、DC 5V),为电源模块本身提供控制回路电源;电源模块不但要为主轴驱动模块提供主电源,而且还要为其他模块提供控制电源,电源模块框图如图 1-2-1 所示。

(2) 电源模块的型号含义 电源模块型号含义如图 1-2-2 所示。

(3) 电源模块的接口 电源模块的接口如图 1-2-3 所示,各接口作用如下。

1) TB1:直流电源输出端。与主轴模块和伺服模块的直流输入端相连,为其提供 DC 300V 直流电源。

2) STATUS:状态 LED 指示灯,用于表示电源模块所处的状态。出现异常时,会显示相关的报警代码。

3) 直流回路连接充电状态 LED 指示灯。在该指示灯完全熄灭后,方可对模块上的电缆进行拆装操作,否则有触电危险。

4) CX1A、CX1B。CX1A 为 AC 220V 输入接口;CX1B 为 AC 220V 输出接口。

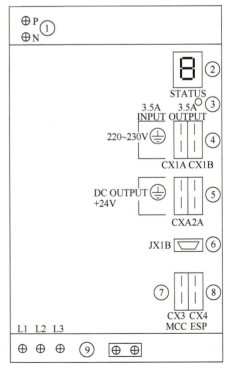

图 1-2-1 电源模块框图

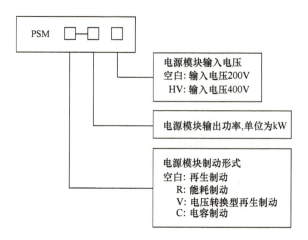

图 1-2-2 电源模块型号含义

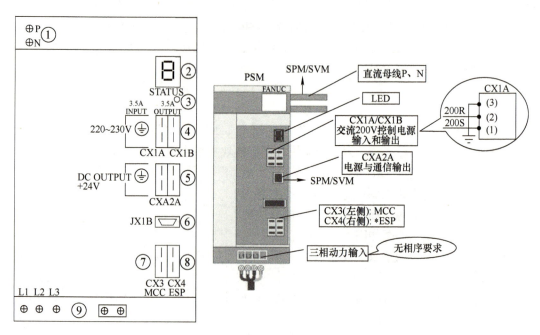

图 1-2-3 电源模块的接口

CX1A 接口管脚定义如图 1-2-4 所示。

5) CXA2A 为 DC 24V 电源、*ESP 急停信号、XMF 报警信息输入接口，与前一个模块的 CXA2B 相连。CXA2A 接口管脚定义如图 1-2-5 所示。

6) JX1B 为模块连接接口，用于通信。

7) CX3 为 MCC 接口，通过该接口设计控制回路，用于控制输入电源模块的三相交流电源的通断。CX3 接口管脚定义如图 1-2-6 所示。

8) CX4 为 *ESP 信号接口，该接口用于连接机床的急停信号。CX4 接口管脚定义如图 1-2-7 所示。

9) L1、L2、L3：三相交流电源输入端，三相交流 220V 输入，没有电源相序要求。

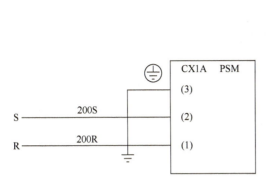

图 1-2-4 CX1A 接口

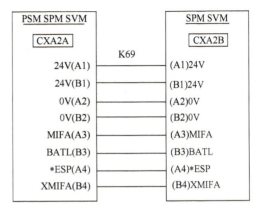

图 1-2-5 CXA2A 接口

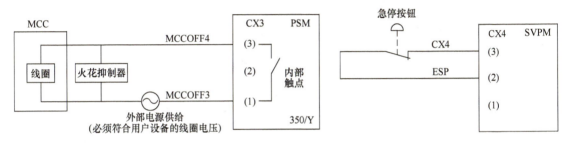

图 1-2-6 CX3 接口　　　　　　　　　图 1-2-7 CX4 接口

二、伺服放大器模块

（1）伺服放大器模块的用途　伺服模块接收控制单元发出的进给速度和位移指令信号，经伺服模块转换放大后，驱动伺服电动机，使机床实现精确的工作进给和快速移动。FANUC 数控系统的伺服驱动系统分为 αi 系列和 βi 系列，αi 系列伺服单元（SVM）控制伺服电动机运行的交流驱动模块，有单轴、双轴、三轴伺服，其双轴伺服放大器框图如图 1-2-8 所示。βi 系列的伺服单元（βi – SVM）内部集成了整流和逆变回路，控制伺服电动机运行的驱动模块，βi 系列伺服需要外部提供 DC 24V 电源作为控制电源，βi 伺服放大器 βi – SVPM（主轴、伺服一体型）框图如图 1-2-9 所示。

（2）伺服放大器模块的型号含义　如图 1-2-10 所示。

（3）伺服放大器模块的接口　αi 系列两轴伺服放大器模块的接口如图 1-2-11 所示，各接口作用如下。

1）TB1 为连接电源模块的直流母线（DC 300V）接口。

2）BATTERY 为伺服电动机绝对编码器的电池盒（DC 6V）。

3）STATUS 为伺服模块状态指示窗口。

4）CX5X 为绝对编码器电池的接口。

5）CXA2A 为 DC 24V 电源、*ESP 急停信号、XMIF 报警信息输入接口，与前一个模块的 CXA2B 相连。

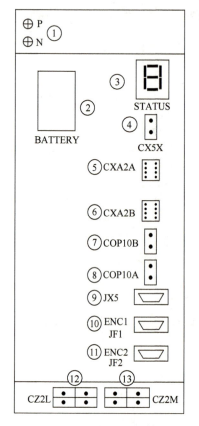

图 1-2-8 双轴伺服放大器框图

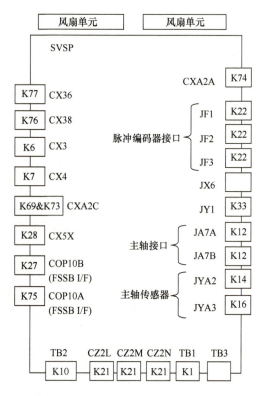

图 1-2-9 βi–SVPM（主轴、伺服一体型）框图

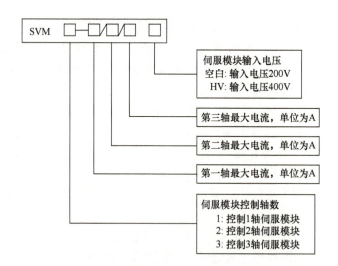

图 1-2-10 伺服放大器模块的型号含义

6）CXA2B 为 DC 24V 电源、*ESP 急停信号、XMIF 报警信息输入接口，与前一个模块的 CXA2A 相连。

7）COP10A 为 FANUC 串行伺服总线（FSSB）输出接口，与下一个伺服单元的 COP10B

项目一　FANUC 0i–D 数控系统的硬件结构与连接

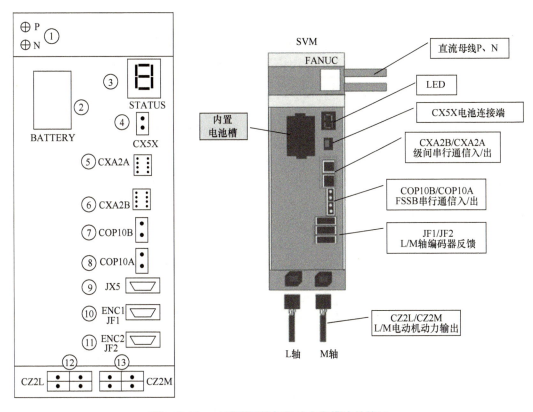

图 1-2-11　αi 系列两轴伺服放大器模块的接口

连接（光缆）。

8）COP10B 为 FANUC 串行伺服总线（FSSB）输入接口，与 CNC 系统的 COP10A 连接。

9）JX5 为伺服检测板信号接口。

10）JF1 为伺服电动机编码器信号接口。

11）JF2 为伺服电动机编码器信号接口。

12）CZ2L 为 X 轴伺服电动机动力线连接插口。

13）CZ2M 为 Y 轴伺服电动机动力线连接插口。

三、主轴放大器

（1）主轴放大器模块的用途　主轴驱动模块主要用于提供主轴电动机主电源及主轴电动机编码器信号反馈的处理，主轴放大器模块框图如图 1-2-12 所示。

（2）主轴放大器模块的型号含义　如图 1-2-13 所示。

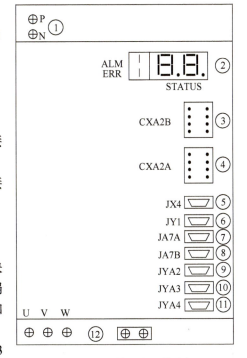

图 1-2-12　主轴放大器模块框图

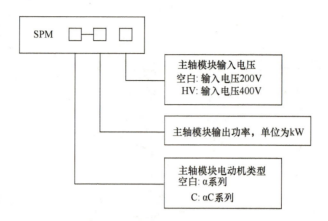

图 1-2-13 主轴放大器模块的型号含义

（3）主轴放大器模块的接口　αi 系列主轴放大器模块的接口如图 1-2-14 所示，各接口作用如下。

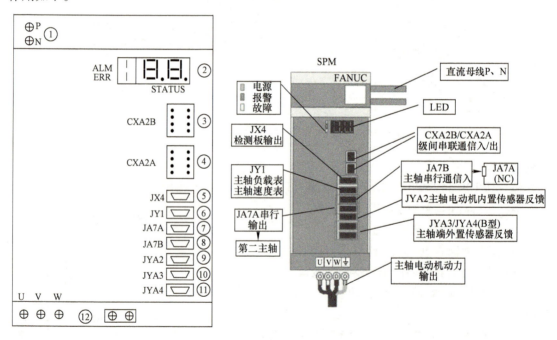

图 1-2-14 αi 系列主轴放大器模块的接口

1）TB1 为直流电源输入端，与电源模块、伺服模块的直流输入端相连。

2）STATUS 为状态（LED）指示灯，用于表示主轴模块当前所处的状态。当出现异常时，该 LED 灯会显示相关的报警代码。

3）CXA2B 为 DC 24V 电源、*ESP 急停信号、XMIF 报警信息输入接口，与前一个模块的 CXA2A 相连。

4）CXA2A 为 DC 24V 电源、*ESP 急停信号、XMIF 报警信息输入接口，与前一个模块的 CXA2B 相连。

5）JX4 为主轴伺服状态检查接口。该接口用于连接主轴模块状态检查电路板，可获得内部信号的状态（脉冲发生器和位置编码器的信号）。

6) JY1 为主轴负载功率表和主轴转速表的连接接口。

7) JA7A 为通信串行输出接口，该接口与下一个主轴的 JA7B 接口相连。

8) JA7B 为通信串行输入接口，该接口与控制单元的 JA7A 接口相连。

9) JYA2 为连接主轴电动机速度传感器（主轴电动机内装脉冲发生器和电动机过热信号）。

10) JYA3 为位置编码器和高分辨率位置编码器接口。

11) JYA4 为磁感应开关和外部单独旋转信号接口，作为主轴位置一转信号接口。

12) U、V、W 为三相交流变频电源输出端，与主轴伺服电动机连接。

四、FANUC 伺服电动机

(1) FANUC 伺服电动机产品系列介绍　FANUC 电动机产品主要有普通 αi/βi 伺服和主轴电动机、大型伺服电动机 αiS 系列、大型主轴电动机、同步内装伺服电动机 DiS 系列、直线电动机 LiS 系列、内装主轴电动机 βi 系列，如图 1-2-15 所示。

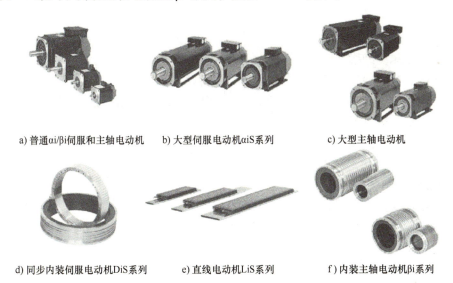

a) 普通αi/βi伺服和主轴电动机　　b) 大型伺服电动机αiS系列　　c) 大型主轴电动机

d) 同步内装伺服电动机DiS系列　　e) 直线电动机LiS系列　　f) 内装主轴电动机βi系列

图 1-2-15　FANUC 电动机产品系列

(2) 电动机特性

1) αi 系列伺服电动机，适合于需要极其平滑的旋转和卓越的加速能力的机床进给轴。

① 外形紧凑，有助于实现机床的最小化载有电动机和检测器的 ID 信息，便于维护。

② 具有 200V 和 400V 两种电源规格。

2) αiS 大型伺服电动机，适合于产业机械的电动伺服化的大型伺服电动机，具有大转矩（可达 3000N·m）及大功率（可达 220kW）。

3) αi 系列主轴电动机，大功率高速机床主轴用的高性能交流主轴电动机。

① 采用优化的绕组设计和高效率的冷却结构，在全部速度区域实现强劲和敏捷的加速。

② 提高低速区的转矩，实现主轴的大转矩化。

③ 具有 200V 和 400V 两种电源规格。

4) 冷却贯穿型主轴电动机，用于直接与加工中心的主轴连接的交流主轴电动机。

① 中心贯穿冷却，具有空冷 αiIT 和液冷 αiIL 两种类型。
② 高精度、低振动。
③ 高加速，大幅缩短加减速时间。

5）αi 系列大型主轴电动机，适用于大型立车、大型龙门式加工机、大型加工中心。
① 大功率（可达 200kW）、大转矩（可达 2000N·m）。
② 大容量化技术：多台放大器驱动一个电动机。

6）DiS 系列同步内装伺服电动机，最适用于机床的旋转台和五轴机床的旋转轴等。
① 通过使用强力钕磁钢，实现了大转矩。
② 通过磁路的优化设计，实现了低齿形转矩。
③ 标准型号适用于 200V/400V 两种电源。
④ 由直线驱动来实现高速高精度和免维护。

7）LiS 系列直线电动机，适用于高速直线轴往复运动。
① 无中间传动机构，机械结构无需维护。
② 可配置长行程轴。
③ 通过多个线圈实现较大推力。
④ 提高伺服系统的刚性来实现高增益、高精度。
⑤ 绕组附近配有冷却配管，有效散热，提高精度。

8）βi 系列伺服电动机。高性价比的交流伺服电动机，具有机床进给轴需要的基本性能。
① 旋转平滑、机身紧凑。
② 通敏捷的加速性能。
③ 环境适应性强。
④ 小巧高分辨率检测器。
⑤ 具有中惯量适合使用的 βiF 系列。

9）βi 系列主轴电动机。高性价比的交流主轴电动机，具有机床主轴需要的基本性能。
① 机身紧凑，性能卓越。
② 通过主轴 HRV 控制实现高效率、低发热。
③ 具有以小容量放大器驱动的 βiIp 系列。

（3）电动机基本规格

1）αi 系列伺服电动机规格见表 1-2-1。

表 1-2-1 αi 系列伺服电动机规格

类型	系列	电压/V	连续转矩/N·m	最高转速/(r/min)	特点	主要应用
伺服电动机	αiS	200	2~500	2000~6000	稀土磁体伺服电动机，通常惯量较小，用于高速加工机床	钻削中心、高速加工中心
		400	2~3000	2000~6000		
	αiF	200	1~53	3000~5000	铁氧体伺服电动机，惯量较大	一般机床、大型机床
		400	4~22	3000~4000		

2）αi 系列主轴电动机规格见表 1-2-2。

表 1-2-2　αi 系列主轴电动机规格

类型	系列	电压/V	额定功率/kW	最高转速/(r/min)	特点	主要应用
主轴电动机	αiI	200	0.55~45	5000~15000	标准主轴电动机，用于大多数机床	车床、加工中心
		400	0.55~100	5000~10000		
	αiS	400	150~200	2000~3000	大功率输出电动机	大型机床
	αiIP	200 400	5.5~30	5000~6000	宽域输出主轴电动机，可减少换档机构	车床、加工中心
	αiIT	200 400	1.5~22	10000~20000	带中心冷却孔，用于直接连接主轴	加工中心
	αiIL	200 400	7.5~30	15000~20000	液冷主轴电动机	加工中心、齿轮机床

3）LiS&DiS 电动机规格见表 1-2-3。

表 1-2-3　LiS&DiS 电动机规格

系列	电压/V	最大出力/N	连续转矩/N·m	最大速度	特点	主要应用
直线电动机 LiS	200	300~17000		2~4m/s	超高速	直线轴
	400	3000~17000		2m/s	高精度 优秀的加速能力 超薄的冷却构造	
同步内装伺服电动机 DiS	200		16~2200	75~600r/min	大转矩 平滑进给 紧凑的外形	回转台、五轴联动机床的附加轴
	400		15~4500	50~1000r/min		

4）βi 系列伺服电动机规格见表 1-2-4。

表 1-2-4　βi 系列伺服电动机规格

系列	电压/V	连续转矩/N·m	最大转速/(r/min)	特点	主要应用
βiS	200	0.2~36	2000~5000	外形紧凑、高性价比	车床 加工中心 产业机械
	400	2~36	2000~4000		
βiSc	200	2~20	2000~4000	高性价比，无温度传感器和 ID 信息	经济型机床
βiF	200	3.5~27	1500~3000	大惯量、高加速、高性价比	磨床、齿轮加工机床、加工中心

5) βi 系列主轴电动机规格见表 1-2-5。

表 1-2-5　βi 系列主轴电动机规格

系列	电压/V	额定功率/kW	最大转速/(r/min)	特点	主要应用
βiI	200	3.7~15	7000~10000	外形紧凑、高速、高输出	加工中心
βiIc	200	3.7~7.5	6000	高性价比，无电动机编码器	经济型机床
βiIP	200	3.7~15	6000	外形紧凑，大转矩宽域输出	车床

任务三　FANUC 0i–D 数控系统的硬件综合连接

【任务目标】

1) 了解 CNC 连接的含义。
2) 掌握 FANUC 0i–D 数控系统放大器模组的连接方法。
3) 掌握 FANUC 0i–D 数控系统紧急停止的硬件连接、I/O 单元模块的硬件连接。
4) 能够进行 FANUC 0i–D 数控系统的综合连接。

【相关知识】

进行数控系统硬件连接时，按以下步骤进行：

1) 正确识读数控系统电气综合连接图。
2) 核对。按照订货清单和装箱单仔细清点实物是否正确，是否有遗漏、缺少等。确认控制器、电源模块、伺服模块、主轴模块、I/O 模块单元等的安装位置，核对连接电缆数量等等。清晰明确各模块上接口含义及连接要求。
3) 硬件安装。在机床不通电的情况下，按照电气设计图样将 CNC 单元、伺服放大器模组、I/O 单元、机床操作面板、伺服电动机等安装到正确位置。
4) 进行 FANUC 0i–D 数控系统综合连接。

一、FANUC 0i–D 数控系统综合连接

FANUC 0i–D 数控系统综合连接如图 1-3-1 所示。

二、伺服/主轴放大器的连接

FANUC 0i–D 配 αi 放大器（带主轴放大器）的实物连接图如图 1-3-2 所示。

各放大器之间通信线 CXA2A 到 CXA2B，从电源到主轴连接是水平连接（没有交叉），而从主轴到伺服放大器，再到后面的伺服放大器都是交叉连接，如果连接错误，则会出现电源模块和主轴模块异常报警，αi 放大器整体连接如图 1-3-3 所示。

连接注意事项：

1) 伺服模块 PSM、SPM、SVM 之间的短接片（TB1）是连接主回路的 DC 300V 电压用的连接线，一定要拧紧。如果没有拧的足够紧，轻则产生报警，重则烧坏电源模块（PSMi）

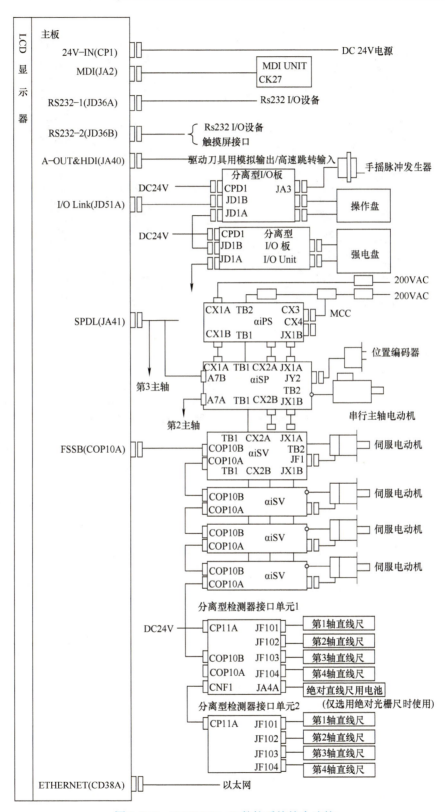

图 1-3-1 FANUC 0i-D 数控系统综合连接

FANUC数控系统连接与调试实训

图 1-3-2 FANUC 0i–D 配 αi 放大器（带主轴放大器）的实物连接图

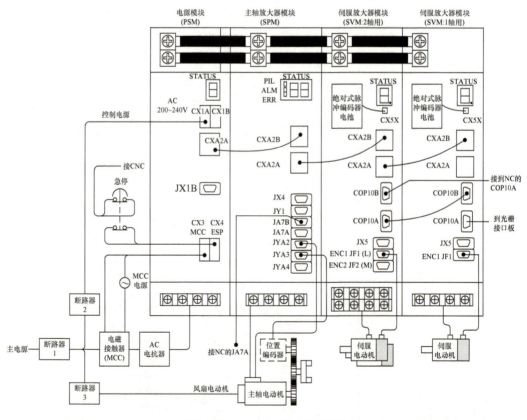

图 1-3-3 αi 放大器整体连接图

和主轴模块（SPMi）。同时，特别注意 SPM 上的 JYA2 和 JYA3 一定不要接错，否则将烧毁接口。

2）AC 200V 控制电源由上面的 CX1A 引入，和下面的 MCC/ESP（CX3/CX4）注意一定不要接错接反，否则会烧坏电源板。

对于 βi 系列的伺服放大器，带主轴的放大器 SPVM 是一体型放大器，连接如图 1-3-4 所示。

连接注意事项：

1）24V 电源连接 CXA2C（A1-24V，A2-0V）。

2）TB3（SVPSM 的右下面）不要接线。

3）上部的两个冷却风扇要接外部 200V 电源。

4）三个（或两个）伺服电动机的动力线放大器端的插头盒是有区别的，CZ2L（第一

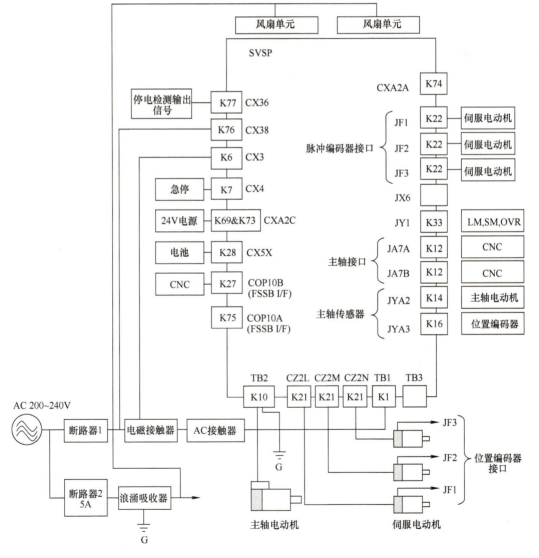

图 1-3-4　βi 系列一体型放大器 SPVM 连接图

轴)、CZ2M（第二轴）、CZ2N（第三轴）分别对应为XX、XY、YY，都是将插头盒单独放置，根据实际情况装入，所以在装入时要注意——对应。

5）TB2和TB1不要搞错，TB2（左侧）为主轴电动机动力线，而TB1（右端）为三相200V输入端，TB3为备用（主回路直流侧端子）。一般不要连接线。如果将TB1和TB2接反，则测量TB3电压正常（约为DC 300V），但系统会出现401报警。其中，CX38是连接断电保护回路，一般不用连接。

三、电源模块PSM连接

电源模块PSM连接如图1-3-5所示。

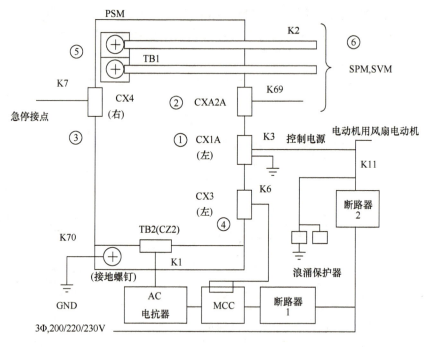

图1-3-5　电源模块PSM连接图

1）主断路器接通后，CX1A接口输入伺服放大器控制用AC 200V电压，接线如图1-3-6所示。

2）通过PSM的AC 200V引入DC 24V，作为控制电源。通过CXA2A、CXA2B接口，向各个模块供给DC 24V，如图1-3-7所示。

3）CX4急停接口。CNC的电源接通，解除急停后，通过FSSB光缆发出MCC吸合信号MCON。同时，通过伺服放大器接口CX4，解除伺服放大器的急停信号，接线如图1-3-8所示。

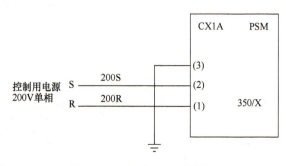

图1-3-6　CX1A接口接线图

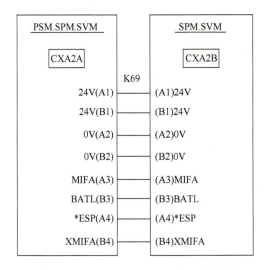

图 1-3-7　CXA2A – CXA2B 接口接线图

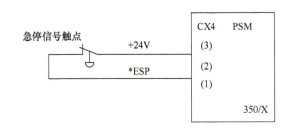

图 1-3-8　CX4 接口接线图

4）CX3 接口是用来使得内部 MCC 吸合，从而控制外围的动力电缆，接线如图 1-3-9 所示。

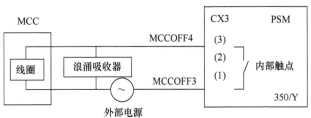

图 1-3-9　CX3 接口接线图

5）PSM 的端子 CZ1 输入 AC 200V 动力电源，PSM 内经过整流后，通过 TB1 端子进行 DC 300V 的输出，接线如图 1-3-10 所示。

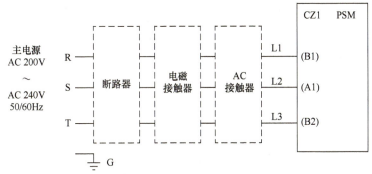

图 1-3-10　CX4 接口接线图

6）PSM 的端子台 TB1 与 SVM 的端子台 TB1 使用短路棒进行连接。

四、伺服放大器 SVM 连接

伺服放大器 SVM 连接如图 1-3-11 所示。

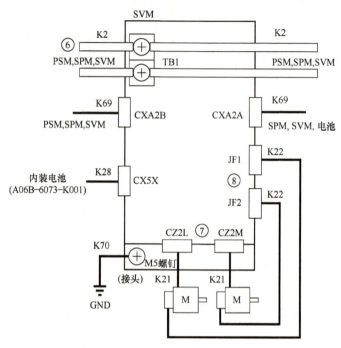

图 1-3-11 伺服放大器 SVM 连接图

DC 300V 由 TB1 输出，SVM 内的输出是通过闭合 MCC 来控制的。伺服电动机用的动力端子 CZ2L/CZ2M/CZ2N 输出伺服电动机驱动用的电压，连接如图 1-3-12 所示。

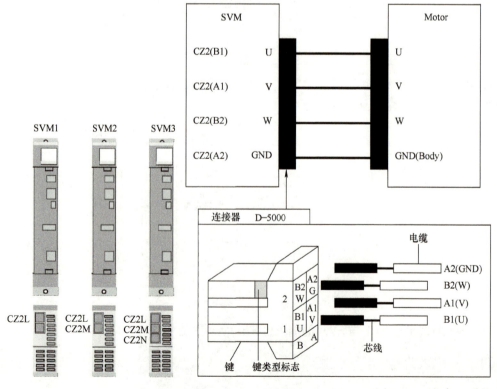

图 1-3-12 伺服放大器动力输出端子连接图

放大器内的第 1 轴用 L 轴、第 2 轴用 M 轴、第 3 轴用 N 轴进行命名。连接器的类型，L 轴的键型为 X－X 型，M 轴为 X－Y 型，N 轴为 Y－Y 型。

JF1/JF2/JF3 的接线主要是伺服电动机的反馈信号，包括伺服电动机的位置、速度、旋转角度的检测信号，连接如图 1-3-13 所示。反馈信号与 FSSB 光缆信号的处理是通过控制单元内的伺服 CPU 进行的。

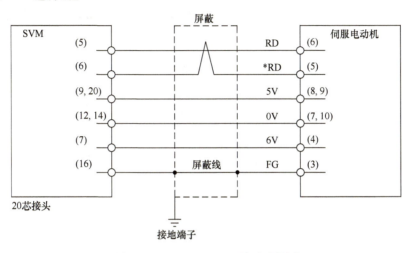

图 1-3-13 JF1/JF2/JF3 端子连接图

五、急停的连接

FANUC 系统急停按钮及信号连接如图 1-3-14 所示。

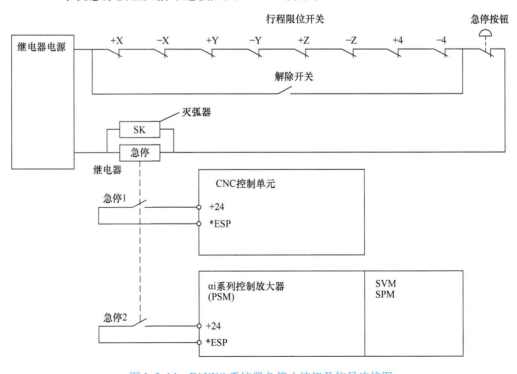

图 1-3-14 FANUC 系统紧急停止按钮及信号连接图

图中的急停继电器的第一个触点接到 NC 的急停输入（X8.4），第二个触点接到放大器的电源模块的 CX4（2，3）。对于 βis 单轴放大器，接第一个放大器的 CX30（2，3 脚），注意第一个 CX19B 的急停不要接线。所有的急停只能接触点，不要接 24V 电源。

六、CNC 控制电源的连接

CNC 控制器所需的 DC 24V 电源，由外部电源进行供给，外部电源控制框图如图 1-3-15 所示。

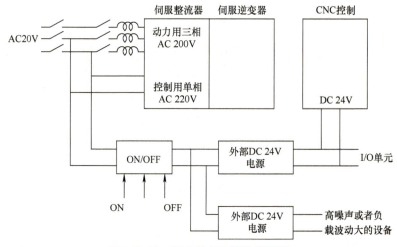

图 1-3-15　CNC 外部电源控制框图

CNC 控制电源 DC 24V 通过连接电缆连接在控制器背面的 CP1 接口，如图 1-3-16 所示。接线前，要先确认各电源的输出电压。为了避免噪声和电压波动对 CNC 的影响，建议采用独立的电源单元对 CNC 进行供电。另外，在使用 PC 功能的场合，停电等瞬间断电的情况都可能造成数据内容遭到破坏，建议考虑配置后备电源。

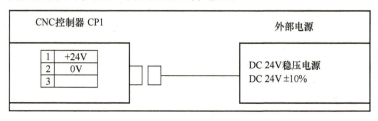

图 1-3-16　CNC 控制器 CP1 接口

七、I/O 单元模块连接

FANUC 数控系统常用机床接口 I/O 模块分类如图 1-3-17 所示。
FANUC I/O 模块硬件连接如图 1-3-18 所示。
FANUC 0i 系统用 I/O 单元由 4 组 I/O 接口组成，有四个连接器，分别是 CB104、CB105、CB106 和 CB107，每个连接器有 24 个输入点和 16 个输出点，即共有 96 个输入点、64 个输出点。可通过 I/O Link 电缆和主控器或者其他 I/O 设备连接，I/O 单元外形如图 1-3-19所示。

项目一　FANUC 0i–D 数控系统的硬件结构与连接

图 1-3-17　FANUC 数控系统机床接口 I/O 模块分类图

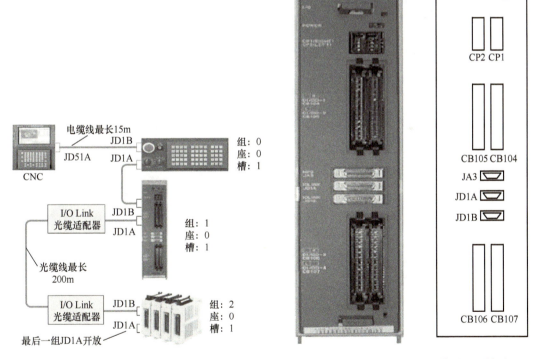

图 1-3-18　FANUC I/O 模块硬件连接图　　图 1-3-19　FANUC 0i 系统用 I/O 单元

1）CP1 为外部 DC 24V 电源引入接口，用于为 I/O 单元提供工作电源。

2）CP2 为 DC 24V 电源输出接口，用于为下一个 I/O 单元提供工作电源，本设备上此接口不接。

3）CB104、CB105、CB106、CB107 均为 PMC 输入输出接口，用于和外界进行信号交换。

4）JA3 为手轮接口。

5）JD1A 为连接到下一个 I/O 设备的 JD1B 接口。

6）JD1B 为数控系统与 I/O 设备的数据交换或与上一个 I/O 单元进行数据交换的接口，其连接顺序，从系统的 JD51A 出来，到 I/O Link 的 JD1B 为止，或从上一个 I/O 单元的 JD1A 出来到下一个 I/O 单元的 JD1B 为止。

FANUC 数控系统 PMC 信号与外围设备信号之间的转换，均通过 I/O 单元 CB104、CB105、CB106、CB107 四个接口进行。如接近开关、电磁阀、压力开关等信号。连接系统与 I/O 接口设备的电缆为高速串行电缆（即 JD1A – JD1B），使用 MIL 规格的扁平电缆把 0i 用 I/O 单元和强电盘分线器或其他 I/O 设备进行连接，如图 1-3-20 所示。

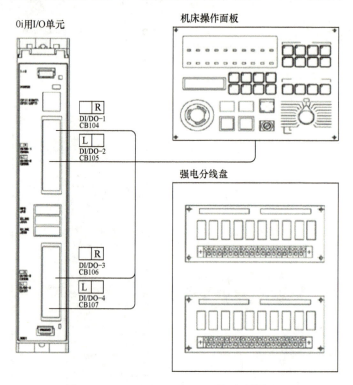

图 1-3-20　FANUC 0i 用 I/O 单元连接框图

项目二

FANUC 数控系统的基本操作

任务一 FANUC 数控系统操作面板认知

【任务目标】

1) 了解 FANUC CNC 的面板结构。
2) 掌握 FANUC 数控系统 MDI 面板功能按键的作用。
3) 掌握 FANUC 标准机床面板上按键的含义及作用。

【相关知识】

FANUC 数控系统的系统面板可分为 LCD 显示区、MDI 手动数据输入区、软键区和存储接口区。LCD 彩色显示器尺寸有 8.4in、10.4in 等几种。8.4in LCD 单元有横式和竖式两种，如图 2-1-1 所示。

软键水平排列，8.4in LCD 单元有 7（5+2）个软键，10.4in LCD 单元有 12（10+2）个软键。10.4in LCD 单元的外形如图 2-1-2 所示。

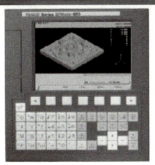

图 2-1-1 8.4in LCD 单元

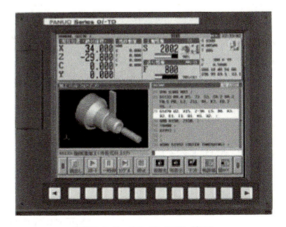

图 2-1-2 10.4in LCD 单元

一、MDI 面板上各按键的含义

MDI 面板按键布局大致分为 ONG 键盘按键布局和 QWERT 键盘按键布局，如图 2-1-3 所示。MDI 面板上按键及功能分区如图 2-1-4 所示。

FANUC数控系统连接与调试实训

图 2-1-3 MDI 面板

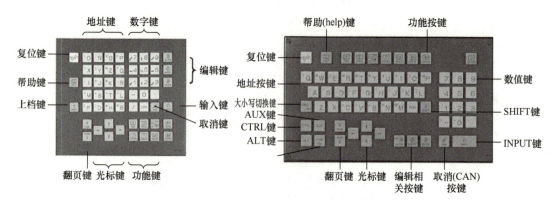

图 2-1-4 MDI 面板按键及功能分区

（1）键盘按键说明 MDI 键盘上各按键含义见表 2-1-1。

表 2-1-1 MDI 键盘说明

序号	名称	说　　明
1	复位键 RESET	使 CNC 复位，用以消除报警等
2	帮助键 HELP	显示如何操作机床，如 MDI 键的操作。可在 CNC 发生报警时提供报警的详细信息（帮助功能）
3	软键	根据其使用场合，软键有各种功能。软键功能显示在屏幕的底部
4	地址键和数字键 N Q 4 …	输入字母，数字以及其他字符
5	换档键 SHIFT	在有些键的顶部有两个字符，按〈SHIFT〉键来切换字符。当一个特殊字符 Ê 在屏幕上显示时，表示键面右下角的字符可以输入
6	输入键 INPUT	当按了地址键或数字键后，数据被输入到缓冲器，并在屏幕上显示出来，为了把键入到输入缓冲器中的数据复制到寄存器，按〈INPUT〉键。这个键相当于软键的［INPUT］键，按此二键的结果是一样的

(续)

序号	名称	说　　明
7	取消键 CAN	按此键可删除已输入到键的输入缓冲器的最后一个字符或符号 当显示键入缓冲器数据为 >N001×100Z_ 时，按 CAN 键，则字符 Z 被取消，并显示： >N001×100
8	程序编辑键 ALTER INSERT DELETE	ALTER：替换 INSERT：插入 DELETE：删除
9	功能键 POS PROG …	切换各种功能显示画面
10	光标移动键	➡：用于将光标朝右或前进方向移动。在前进方向光标按一段短的单位移动 ⬅：用于将光标朝左或倒退方向移动。在倒退方向光标按一段短的单位移动 ⬇：用于将光标朝下或前进方向移动。在前进方向光标按一段大尺寸单位移动 ⬆：用于将光标朝上或倒退方向移动。在倒退方向光标按一段大尺寸单位移动
11	翻页键 PAGE PAGE	PAGE⬇：用于在屏幕上朝前翻一页 PAGE⬆：用于在屏幕上朝后翻一页

（2）功能按键　功能键用于选择显示的屏幕（功能）类型，按功能键之后会出现相对应的画面。

　　POS：绝对坐标等的位置显示以及负载表显示等。

　　PROG：加工程序的输入和检查。

　　OFS/SET：刀具补偿量和 SETTING 画面以及用户宏变量等的显示。

　　MESSAGE：CNC 报警画面和 PMC 信息显示。

　　GRAPH：加工程序刀具轨迹的图形模拟（选择）。

　　CUSTOM：显示用宏执行器程序制作的用户画面（选择）。

　　SYSTEM：CNC 参数和 PMC 等系统信息的显示。

二、数控机床操作面板上各按键的含义

数控机床操作面板因机床生产厂家不同而有不同,主要在按键或旋钮的布局、设置有所不同,但都可以通过 FANUC 系统 PMC 进行面板功能设计。FANUC 标准机床操作面板及面板按键(或旋钮)功能如图 2-1-5 所示。

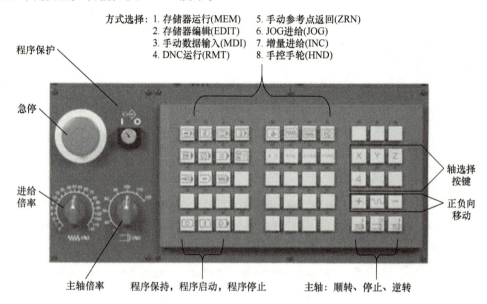

图 2-1-5 FANUC 标准机床操作面板及面板按键(或旋钮)功能说明

机床操作面板的按键有工作方式选择、轴选择及方向控制、程序控制、主轴控制、倍率控制(主轴倍率及进给倍率)、紧急停止按钮以及系统电源控制等。各按键符号说明见表 2-1-2。

表 2-1-2 操作面板按键符号说明

按键	说明	按键	说明
AUTO	AUTO 方式,选定存储器运行方式	HANDLE	手轮方式,选定手轮进给方式
EDIT	EDIT 方式,选定程序编辑方式	SINGLE BLOCK	单程序段方式,选定单程序段运行方式
MDI	MDI 方式,选定手动数据输入方式	BLOCK SKIP	程序段跳跃,跳跃以"/"开头的程序段
REMOTE	DNC 方式,选定 DNC 运行方式		程序停,M00 指令程序停止时,LED 被点亮
REF	回零方式,选定参考点返回方式		程序选择停,M01 指令程序停止
JOG	JOG 方式,选定 JOG 进给方式	DRY RUN	空运行,自动方式时,按下该键,各轴以快速移动
	步进方式,选定步进进给方式	MC LOCK	机械锁住,自动方式按下该键,轴不移动,坐标值变化

（续）

图标	说明	图标	说明
CYCLE START	循环启动，自动操作开始	～	快速移动，手动移动操作以快速移动
CYCLE STOP	进给保持，自动操作停止		主轴正转，使主轴电动机正向旋转
X1 X10 X100 X1000	手轮进给倍率 1，10，100，1000 倍		主轴反转，使主轴电动机反向旋转
X Y Z 4 5 6	进给轴选择，在手动进给或步进进给方式下，用于进给轴选择		主轴停止，使主轴电动机停止
+ -	手动移动操作，在手动进给或步进进给方式下，被选择的进给轴沿着 + 或 - 向移动		

任务二　FANUC 数控系统画面操作

【任务目标】

1) 了解 FANUC CNC 控制器软键的作用。
2) 掌握 POS、PROG、OFFSET/SETTING、SYSTEM、MESAGE、GRAPH 按键的作用。
3) 熟练进行画面操作。

【相关知识】

FANUC CNC MDI 键盘上有六个功能键，分别是 POS、PROG、OFFSET/SETTING、SYSTEM、MESAGE、GRAPH，LCD 显示器下端有横排软键，如图 2-2-1 所示。MDI 上的功能按键与软键结合使用，可显示树形结构的操作画面。

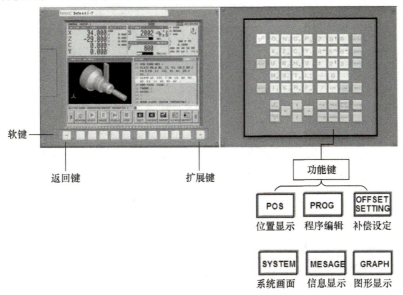

图 2-2-1　FANUC CNC 软键及功能按键示意图

一、软键

显示屏下方的按键被称为软键，软键的功能与显示的内容相对应。基于软键状态的变化，根据要选择的对象，将软键切换为章节选择软键状态、操作选择软键状态及操作选择软键辅助菜单状态。按照其不同状态，软键按钮的图标变化显示，可以看出软键处在哪个状态，如图2-2-2所示。

图 2-2-2　FANUC CNC 软键状态示意图

按扩展键之后，将显示同组中尚未显示的菜单，使用频率高的软键菜单会最先显示。按返回键，将返回上一层菜单。如果连续按扩展键，菜单将循环显示。

各软键的外形和颜色的含义如下：

（绿色）用来切换到参数画面的按键，按下该键之后，将显示更详细的画面，可进行更详细的画面操作选择。

（绿色）用来检索号码的操作按键。

（黑色），按下按键之后，显示相应的画面，可进行相关操作。按下该键进行画面选择，之后将显示更详细的画面。

软键的显示分为若干层次，通过按软键，菜单依次变化。例如在相对位置显示画面（图2-2-3）把相对坐标设定为原点（或0）时的画面操作过程如下：

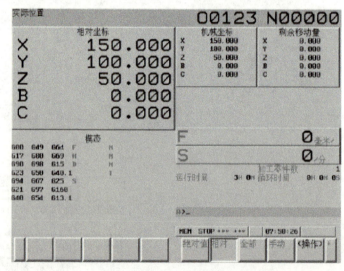

图 2-2-3　相对位置显示画面

1）按功能键 [POS] 数次，选择相对位置（RELATIVE）显示画面。

2）第一层次（画面选择）[绝对][相对][综合][手轮][(操作)]。

3）第二层次（主操作菜单）[预置][归零][ ][件数:0][时间:0]。

4）第三层次（操作的执行）[<][ ][所有轴][执行][ ]。

5）按软键左端的返回（返回菜单）按键后，回到上一层菜单画面 [<][ ][所有轴][执行][ ]。

二、位置显示画面

POS 按键表示系统位置画面，可显示系统各坐标系，包括相对坐标、绝对坐标、机械坐标、模态信息、进给速度、主轴转速、自动方式下可显示剩余移动量等信息。其画面树状结构如图 2-2-4 所示。

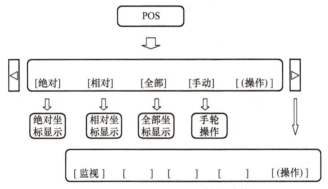

图 2-2-4 POS 按键画面树状结构

1. 绝对坐标显示

绝对坐标显示画面可显示出工件坐标系中的刀具当前位置，和程序中的坐标值一致，当前位置随刀具移动时刻变化，数值变化的单位是输入单位，如图 2-2-5 所示。

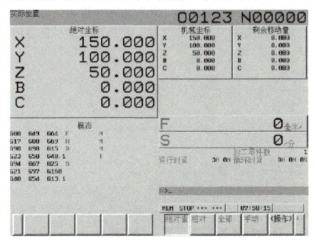

图 2-2-5 绝对坐标显示画面

操作：

① 按下功能键 [POS]。

② 按下软键【绝对值】。

2. 相对坐标显示

相对坐标是指相对于上一个点的移动量，在相对坐标系内刀具位置是基于操作者设定的坐标值显示的。当前位置随刀具移动而时刻变化，通常需要将相对坐标的所有轴的当前位置复位为 0，如图 2-2-6 所示。

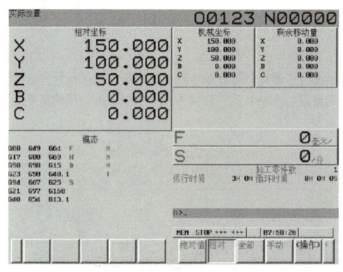

图 2-2-6　相对坐标显示画面

操作：

① 按下功能键 [POS]。

② 按下软键【相对】。

3. 全部坐标显示

全部坐标显示画面可同时显示相对坐标、绝对坐标、机械坐标及剩余移动量。机械坐标是指机床坐标系，反映各轴在实际机床中的位置。剩余移动量是指当前程序段剩下的移动坐标值，如图 2-2-7 所示。

操作：

① 按下功能键 [POS]。

② 按下软键【全部】。

4. 机床坐标系

机床坐标系的组成如图 2-2-8 所示。

机床坐标与绝对坐标的关系如图 2-2-9 所示，绝对坐标即是工件坐标，通过对机械原点的偏移进行设定，为加工的基准。相对坐标即相对于某一点的移动量。机械坐标是通过参考点来建立机械坐标原点，反映机床的实际位置。绝对坐标等于机械坐标减去工件原点偏移值（加上刀具补偿值）。

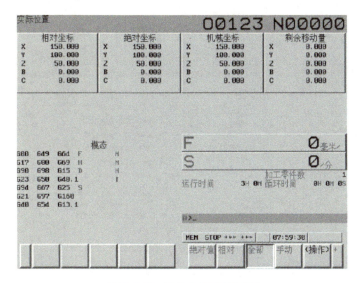

图 2-2-7 综合坐标显示画面

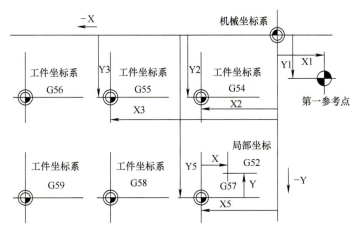

图 2-2-8 机床坐标系

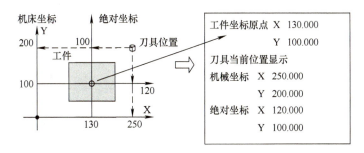

图 2-2-9 机床坐标与绝对坐标的关系

5. 监控画面显示

按下功能键 [POS]，按下向右扩展软键，按下软键【监控】，显示监控画面，如图 2-2-10 所示。

FANUC数控系统连接与调试实训

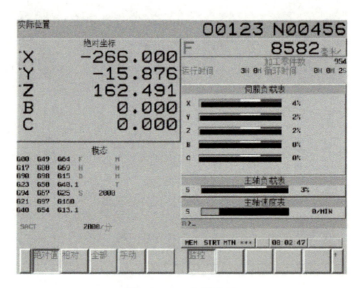

图 2-2-10 监控画面

监控画面主要包括:

1) 伺服轴的显示。显示路径中伺服轴的负载表。

2) 主轴的显示。使用串行主轴时的主轴,能显示负载表和转速表。负载表最多可以显示200%的载荷。转速表通常显示主轴电动机的转速。当NO.3111#6 = 1 时,显示主轴速度。为显示正确的主轴速度,各档位参数必须准确设置。

操作:

① 按下功能键 [POS]。

② 按下扩展键 ▷。

③ 按下软键【监控】。

三、程序画面

按下功能键【PROG】,出现程序画面。程序显示画面因CNC工作方式不同而有所不同。采用MEM/JOG/HND/REM方式时,程序画面树状结构如图2-2-11所示。

1. MEM 方式下程序显示画面

当CNC在MEM工作方式时,按下功能键【PROG】,出现程序画面,按下软键【程序】,光标定位在当前正被执行的程序段处。在显示器上,再次按下软键【程序】,可以将画面大小切换为全画面或小画面。小画

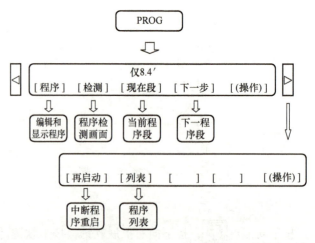

图 2-2-11 MEM/JOG/HND/REM 方式下程序画面树状结构

面可以同时显示位置信息、模态及程序信息等，如图 2-2-12 所示；全画面可以一次显示大量的程序信息。

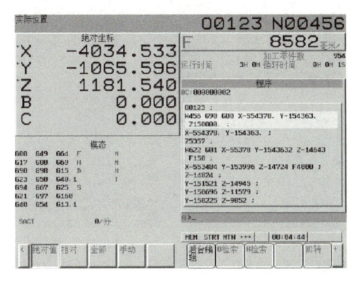

图 2-2-12　MEM 方式下程序显示画面（小画面显示）

2. MDI 方式下程序显示画面

当 CNC 在 MDI 工作方式时，程序画面树状结构如图 2-2-13 所示。按下功能键【PROG】，出现程序画面，按下软键【MDI】，可显示从 MDI 输入的程序，如图 2-2-14 所示。

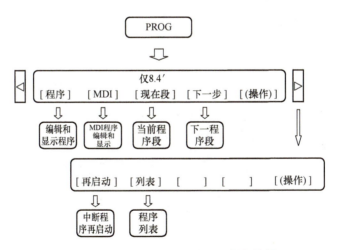

图 2-2-13　MDI 方式下程序画面树状结构

3. EDIT 方式下程序显示画面

当 CNC 在 EDIT 工作方式时，程序画面树状结构如图 2-2-15 所示。按下功能键【PROG】，出现程序画面，按下软键【程序】，移动光标可对程序进行插入、修改和删除等操作，如图 2-2-16 所示。按下扩展键，再按下软键【一览】，可显示一览程序画面，如图 2-2-17 所示。

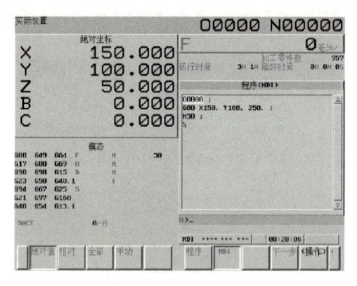

图 2-2-14　MDI 方式下程序显示画面

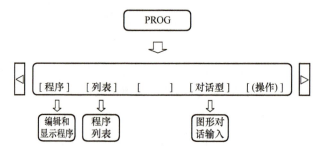

图 2-2-15　EDIT 方式下程序画面树状结构

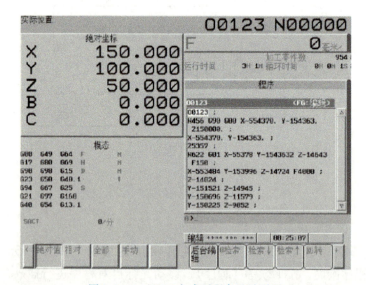

图 2-2-16　EDIT 方式下程序显示画面

项目二 FANUC数控系统的基本操作

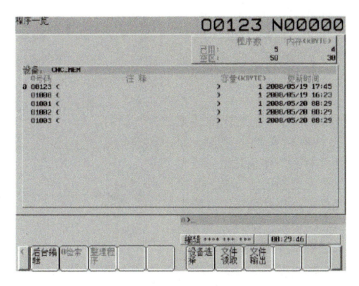

图 2-2-17 一览程序画面

四、偏置/设定画面

按下功能键【OFS/SET】，进入偏置/设定显示画面，偏置/设定显示画面树状结构如图 2-2-18 所示。

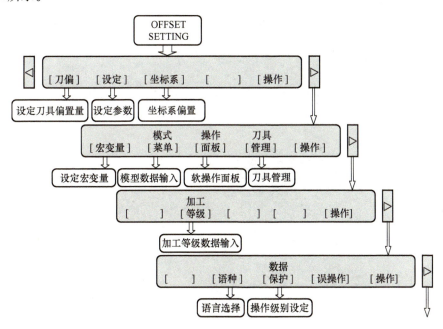

图 2-2-18 偏置/设定显示画面树状结构

1. 刀具补偿画面

刀具补偿画面如图 2-2-19 所示，正确使用软键【+输入】和【输入】，以防输入错误造成机床运行错误，刀具补偿相关内容详见 FANUC 系统操作说明书。

45

2. 数据设定画面

选择 MDI 方式，按下功能键【OFS/SET】，再按下软键【设定】，显示数据设定画面，如图 2-2-20 所示。

3. 工件坐标系画面

按下功能键【OFS/SET】，按下软键【工件坐标系】，显示工件坐标系设定画面，如图 2-2-21 所示。工件坐标系的作用是编程时为定义工件尺寸，在工件上选择的坐标系，其原点称为工件零点。工件零点相对机床零点的坐标位置由 G 代码（G54～G59）指定，可由编程人员编入程序或通过数控系统键盘输入。

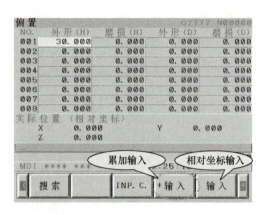

图 2-2-19　刀具补偿画面

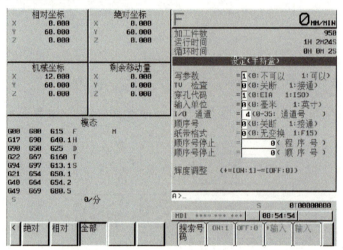

图 2-2-20　数据设定画面

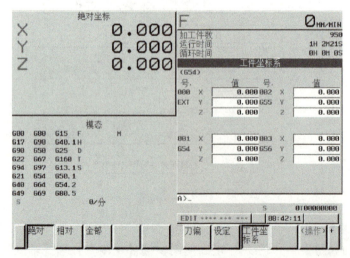

图 2-2-21　工件坐标系设定画面

4. 显示语言切换画面

CNC 画面的显示语言可进行切换，切换步骤如下：

1）按下功能键 ⌾。

2）按数次软键 ▸，找到语言软键 ⌾，按下后系统将显示语言选择画面，如图 2-2-22 所示。

3）移动光标选择需要的语言种类。

4）按下软键 ⌾，显示操作菜单。

5）按下确认软键 ⌾，将语言种类设置应用于系统。

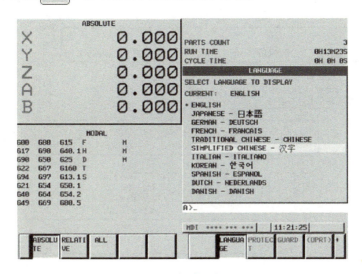

图 2-2-22　语言选择画面

五、系统显示画面

按下功能键【SYSTEM】，进入系统显示画面，系统显示画面树状结构如图 2-2-23 所示。

1. 系统参数画面

选择 MDI 方式，在 OFFSET 画面，将设定数据的"写参数"设为"可以"，此时会出现 100 号报警，按下 RESET + CAN 可取消此报警。按下功能键【SYSTEM】，再按下软键【参数】，显示出参数画面，移动光标到希望设定或显示的参数号的位置，即可进行相应操作，如图 2-2-24 所示。

2. 系统诊断画面

系统诊断画面可以用来查看系统状态，分析报警原因，如图 2-2-25 所示。
诊断号 0~16：发出移动命令后，机床没有运动的原因（结合 PMC 信号进行排查）。
诊断号 20~25：循环中出现暂停的原因。
诊断号 200~204：串行编码器产生的报警。

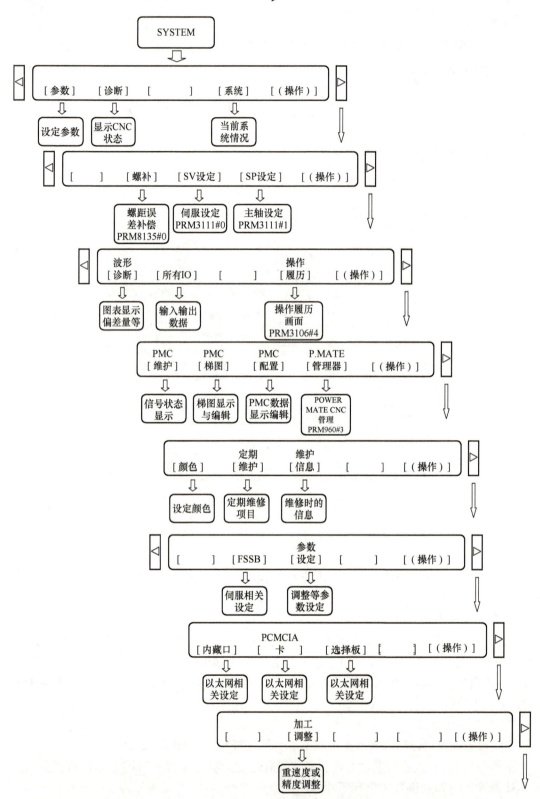

图 2-2-23　系统显示画面树状结构

项目二　FANUC 数控系统的基本操作

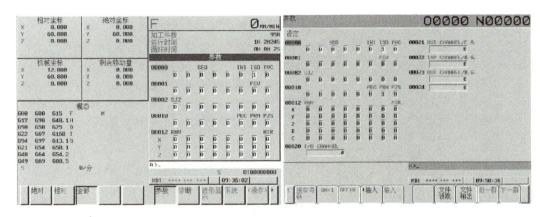

图 2-2-24　参数设定显示画面

诊断号 205～206：分离检出器产生的报警。
诊断号 300～400：伺服报警的诊断。
诊断号 401～457：串行主轴的报警诊断。

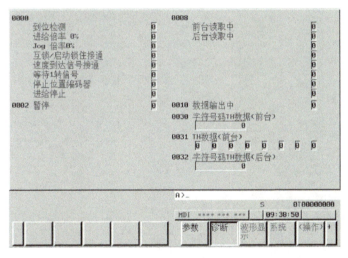

图 2-2-25　系统诊断画面

3. 伺服设定画面

将显示伺服设定调整画面的参数 PRM3111#0 设为 1，按下功能键 [SYSTEM]，按下扩展键 [▷]，按下软键【伺服设定】，将显示伺服设定画面，如图 2-2-26 所示。

4. 伺服调整画面

将显示伺服设定调整画面的参数 PRM3111#0 设为 1，按下功能键 [SYSTEM]，按下扩展键 [▷]，按下软键【伺服设定】，再按下软键【伺服调整】，将显示伺服调整画面，如图 2-2-27 所示。

5. 主轴设定画面

将显示主轴设定调整画面的参数 PRM3111#1 设为 1，按下功能键 [SYSTEM]，按下扩展键 [▷]，

49

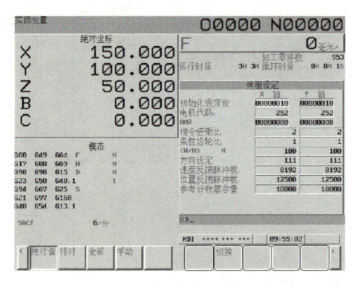

图 2-2-26 伺服设定画面

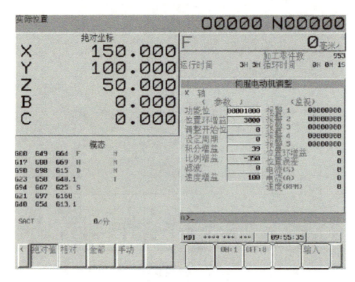

图 2-2-27 伺服调整画面

按下软键【主轴设定】，将显示主轴设定画面，如图 2-2-28 所示。

6. 主轴调整与监控画面

将显示主轴设定调整画面的参数 PRM3111#1 设为 1，按下功能键 [SYSTEM]，按下扩展键 [▷]，按下软键【主轴调整】，将显示主轴调整画面，按下软键【主轴监视】，将显示主轴监控画面，如图 2-2-29 所示。

六、信息画面

按下功能键【MESSAGE】时，即可显示出报警、信息、履历等。信息显示画面树状结构如图 2-2-30 所示。

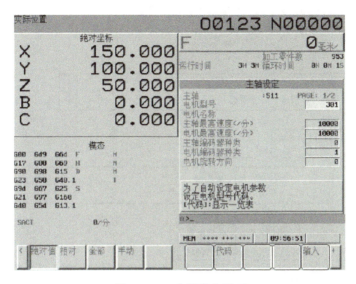

图 2-2-28 主轴设定画面

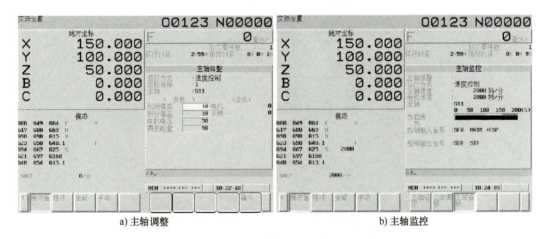

a) 主轴调整　　　　　　　　　　　　　　b) 主轴监控

图 2-2-29 主轴调整与监控画面

报警原因以错误代码和编号进行分类。系统可存储 50 个最近发生的报警内容，并显示在画面上（报警履历显示）。按下软键【履历】，将显示报警履历画面，如图 2-2-31 所示。

要清除报警，通常应先消除引起报警的原因，然后按下 RESET（复位）键。

报警履历画面显示的信息如下：

1）报警发生日期和时刻。

2）报警类别。

3）报警号。

4）报警信息（有的报警不予显示）。

5）存储的报警件数。

可以用翻页键来切换页码。

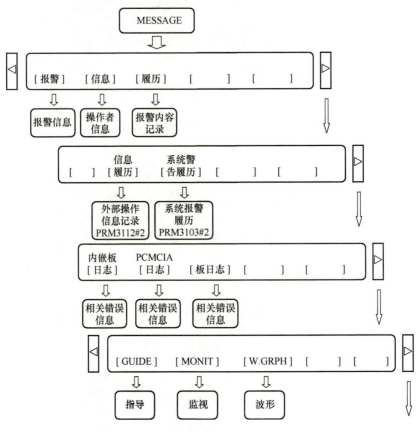

图 2-2-30 信息显示画面树状结构

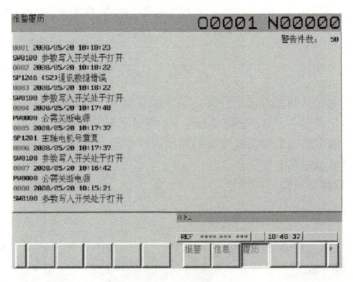

图 2-2-31 报警履历画面

七、图形画面

按下功能键【GRAPH】，即可进入图形画面。图形画面树状结构如图 2-2-32 所示。

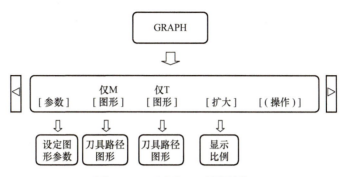

图 2-2-32　图形画面树状结构

在绘图坐标系的设定中可显示所设定坐标系的坐标轴和名称。在图形参数画面中，可进行绘图坐标系和绘图范围的设定。此外，还可进行图形仿真（刀具轨迹图）显示及动态图形模拟等操作。

绘图坐标系和绘图范围的设定如图 2-2-33 所示。

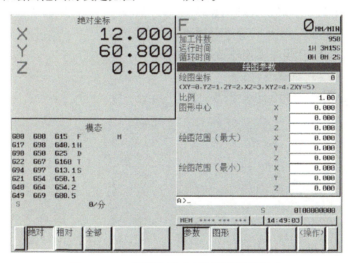

图 2-2-33　绘图坐标系和绘图范围的设定

八、系统配置画面

按下功能键 (SYSTEM) 数次，显示出【系统】软键并按下，出现系统配置画面。通过 翻页键，可显示系统硬件配置或软件配置画面。系统硬件配置画面如图 2-2-34 所示，系统软件配置画面如图 2-2-35 所示。

系统硬件配置画面显示内容如下：

1) 名称。

MAIN BOARD：显示主板及主板上的卡、模块信息。

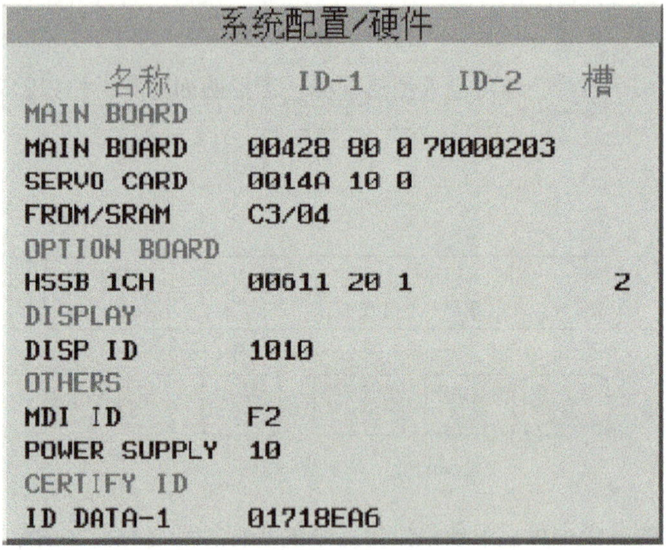

```
         系统配置/硬件
   名称        ID-1      ID-2      槽
MAIN BOARD
MAIN BOARD   00428 80 0 70000203
SERVO CARD   0014A 10 0
FROM/SRAM    C3/04
OPTION BOARD
HSSB 1CH     00611 20 1                2
DISPLAY
DISP ID      1010
OTHERS
MDI ID       F2
POWER SUPPLY 10
CERTIFY ID
ID DATA-1    01718EA6
```

图 2-2-34　系统硬件配置画面

OPTION BOARD：显示安装在可选插槽上的板信息。

DISPLAY：显示与显示器相关的信息。

OTHERS：显示其他（MDI 和基本单元等）的信息。

CERTIFY ID：显示 CNC 识别编号的 ID 信息。

2）ID-1／ID-2：显示 ID 信息。

3）槽：显示安装有可选板的插槽号。

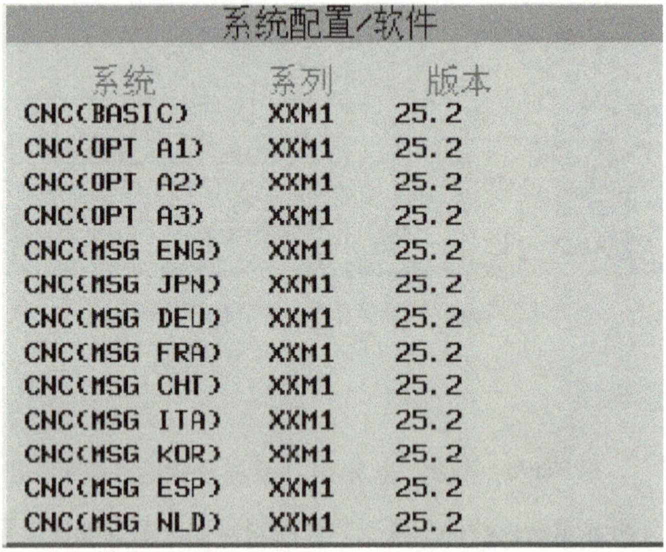

```
         系统配置/软件
  系统          系列      版本
CNC(BASIC)     XXM1     25.2
CNC(OPT A1)    XXM1     25.2
CNC(OPT A2)    XXM1     25.2
CNC(OPT A3)    XXM1     25.2
CNC(MSG ENG)   XXM1     25.2
CNC(MSG JPN)   XXM1     25.2
CNC(MSG DEU)   XXM1     25.2
CNC(MSG FRA)   XXM1     25.2
CNC(MSG CHT)   XXM1     25.2
CNC(MSG ITA)   XXM1     25.2
CNC(MSG KOR)   XXM1     25.2
CNC(MSG ESP)   XXM1     25.2
CNC(MSG NLD)   XXM1     25.2
```

图 2-2-35　系统软件配置画面

FANUC 0i-D 数控系统的参数设定

任务一 FANUC 0i-D 数控系统参数认知及设定

【任务目标】

1) 了解 FANUC 0i-D 数控系统参数的类型和结构。
2) 掌握参数的设定方法。

【相关知识】

FANUC 0i-D 数控系统具有丰富的机床参数,数控系统的参数是用来匹配数控机床及其功能的一系列数据,数控系统硬件连接完成后,还要进行 CNC 参数的设定与调整,才能保证数控机床正确运行,达到数控机床设计的功能及加工精度,数控系统参数的设定与调整在数控机床调试与维修中起着重要作用。

一、FANUC 0i-D 数控系统参数的类型

(1) 按照 CNC 参数的控制功能分类 CNC 主要参数根据控制功能的分类见表 3-1-1。

表 3-1-1 FANUC 0i-D 数控系统主要参数控制功能类型

功能	起始参数号	功能	起始参数号
设定参数	0000	显示编辑参数	3100
输入/输出通道参数	0100	编程参数	3400
轴控制参数	1000	螺补参数	3600
坐标系参数	1200	刀具补偿参数	5000
软限位检测参数	1300	固定循环参数	5100
速度参数	1400	宏程序参数	6000
加减速参数	1600	跳步功能参数	6200
伺服参数	1800	基本功能参数	8130
输入/输出信号参数	3000	—	—

(2) 按照 CNC 参数的数据类型分类 FANUC 0i-D 参数按照数据类型表达形式,分为位型参数、字节型参数、字型参数、双字型参数、实数型参数,见表 3-1-2。

表 3-1-2　FANUC 0i – D 参数数据类型

数据类型	设定范围	备注
位型参数	0 或 1	
字节型参数	−128 ~ 127 0 ~ 255	部分参数数据类型为无符号数据 可以设定的数据范围决定于各参数。实数型参数的数据范围和设定单位不同
字型参数	−32768 ~ 32767 0 ~ 65535	
双字型参数	0 ~ ±99999999	
实数型参数	小数点后带数据	

（3）按用途分类　FANUC 0i – D 参数按照用途，分为路径型、轴型、主轴型，见表3-1-3。

表 3-1-3　FANUC 0i – D 参数用途

用途分类	用途
路径型	与路径相关的设定
轴型	与控制轴相关的设定
主轴型	与主轴相关的设定

路径型参数示例：

	#7	#6	#5	#4	#3	#2	#1	#0
参数 0001							FCV	

#1：FCV 编程格式。
0：0 系列标准格式。
1：15 系列格式。

轴型参数示例：

参数 1420	各轴快速移动速度

主轴型参数示例：

参数 0982	各主轴归属路径号

标准型参数示例：

参数 0020	I/O 通道

（4）米制和寸制　距离和速度等参数依赖于米制和寸制单位，这些参数由 MDI 输入时，依赖于输入时的输入单位。使用存储卡等读入参数时，米制使用 M 地址、寸制使用 I 地址来代替通常的 P 地址。

二、FANUC 0i – D 数控系统参数的设定方法

1. 参数写保护的解除

数控系统参数设定完成后，处于写保护状态，要想修改或调整参数，需要解除参数写保

护,步骤如下:

1)CNC 置于 MDI 方式或急停状态。

2)连续按下 [OFS/SET] 键,直至显示设定(SETTING)画面,如图 3-1-1 所示。

3)把光标移到"写参数"(PARAMETER WRITE)项上。

4)按顺序按下 [操作] 和软键 [ON:1],出现 P/S100 号报警后画面切换到报警画面。在解除急停(运转准备)状态下,同时按 [CAN] 和 [RESET],解除该报警。

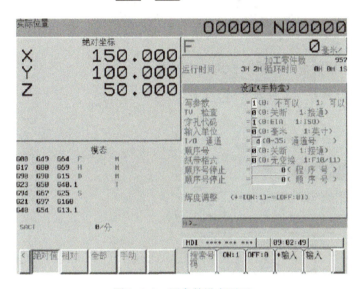

图 3-1-1 写参数设定画面

2. 使用 MDI 输入参数

1)选择参数画面,如图 3-1-2 所示。

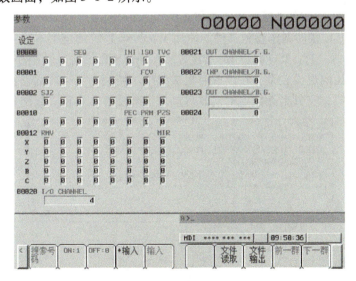

图 3-1-2 参数画面

2）输入参数号，按软键 [号搜索]，找到要调整的参数。也可使用翻页键和方向键移动光标来找到参数。

3）设定 CNC 参数的步骤如下。

① 对于位型参数，按软键 [ON:1]，可将光标位置置 1；按软键 [OFF:0]，可将光标位置置 0；按方向键，可移动光标。

② 输入参数数值后，按软键 [+输入]，可将输入数据叠加在原值上。

③ 输入参数数值后，按软键 [输入]，可输入新的参数数据。

3. 参数的便捷输入方法

1）连续输入不同数据时，使用 EOB 分隔数据。

例：1234 |EOB| 5678 |EOB| 9999 |INPUT|

0	1234
0	→	5678
0	**9999**

2）连续输入相同的数据时，使用 |EOB   =|。

例：1234 |EOB| = |EOB| = |INPUT|

0	1234
0	→	1234
4	**1234**

4. 用 I/O 设备输入参数

1）系统置于急停状态。

2）在 CNC 设定画面将"写参数"项置 1。

3）使用电脑工具软件制作参数文件。使用 Windows 系统的记事本等工具软件以文本形式制作参数文件。每一行，ISO 码以 LF 结尾，EIA 码以 CR 结尾。使用存储卡时，以 LF 来判断，即使带有 CR 码也没关系，在读取时将被忽略。使用存储卡读取参数文件时文件名是"CNC—PARA.TXT"，文件名是固定的。软件制作参数文件文本格式如图 3-1-3 所示。

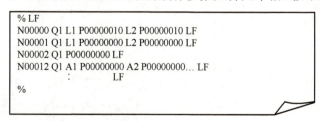

图 3-1-3　软件制作参数文件文本格式

参数数据的文本格式内容见表 3-1-4。

项目三　FANUC 0i–D 数控系统的参数设定

表 3-1-4　参数数据的文本格式内容

形式	举例	说明
路径型	Nn Q1 Ll $\begin{pmatrix} Pp \\ Mm \\ Ii \end{pmatrix}$ Ll $\begin{pmatrix} Pp \\ Mm \\ Ii \end{pmatrix}$ …;	N：参数编号 Q1：识别项 L：机械组号 l：路径号 a：轴号 s：主轴号 p：与米、寸制无关的数据 m：米制数据 i：寸制数据
轴型	Nn Q1 Aa $\begin{pmatrix} Pp \\ Mm \\ Ii \end{pmatrix}$ Aa $\begin{pmatrix} Pp \\ Mm \\ Ii \end{pmatrix}$ …;	
主轴型	Nn Q1 Ss $\begin{pmatrix} Pp \\ Mm \\ Ii \end{pmatrix}$ Ss $\begin{pmatrix} Pp \\ Mm \\ Ii \end{pmatrix}$ …;	
其他形式	Nn Q1 $\begin{pmatrix} Pp \\ Mm \\ Ii \end{pmatrix}$ …;	

4）按下功能按键 [SYSTEM]，显示参数画面。设定与输入/输出设备有关的参数。

参数	0020	前台输入设备通信号

0：RS-232-C 接口 1（使用参数 101~103）。
1：RS-232-C 接口 1（使用参数 111~113）。
2：RS-232-C 接口 2（使用参数 121~123）。
4：存储卡接口。
5：数据服务器接口。

5）设定输入/输出设备以及存储卡等，按照以下顺序从 I/O 设备输入参数。

① 按功能键 [SYSTEM]，显示 CNC 参数画面。

② 顺序按下软键 [<操作>]、[文件读取]、[执行]。

6）参数输入结束时会发生 PW0000 报警"请关断电源"，请断电后重启。

7）参数设定结束时，请将 CNC 设定画面的"写参数"设回到 0。

任务二　基本参数的设定

【任务目标】

1）掌握数控系统基本功能相关参数的设定方法。
2）掌握轴控制相关参数的作用。
3）掌握轴控制参数的设定步骤。

【相关知识】

当系统第一次通电时，需要进行参数全清除处理，即上电时，同时按 MDI 面板上的

RESET + DEL。参数全清除后一般会出现如下报警:
100#　　　　参数可输入,参数写保护打开(设定画面第一项 PWE = 1)。
506/507#　　硬超程报警,梯形图中没有处理硬件超程信号,设定 3004#5OTH 可消除。
417#　　　　伺服参数设定不正确,重新设定伺服参数,具体检查诊断 352#内容,根据内容查找相应的不正确参数,并重新进行伺服参数初始化。
5136#　　　 FSSB 放大器数目少,放大器没有通电或 FSSB 没有连接,或放大器之间连接不正确,FSSB 设定未完成或没有设定(如果需要系统不带电动机调试时,把 1023 设定为 -1,屏蔽伺服电动机,可消除 5136#报警)。

根据需要,手动输入基本功能参数(8130~8135)。检查参数 8130 的设定是否正确(一般车床为 2,铣床为 3/4)。

系统基本参数设定可通过参数设定支援画面进行操作。参数设定支援画面是以下述目的进行参数设定和调整的画面。

1)通过在机床起动时汇总需要进行最低限度设定的参数并予以显示,便于机床执行起动操作。

2)通过简单显示伺服调整画面、主轴调整画面、加工参数调整画面,便于进行机床的调整。

有些参数与轴控制有关,因此要设定最低限度所需要的参数。其他参数与手动连续进给和回参考点等功能有关,可在使用这些功能时再进行设定。

一、基本功能相关参数

在设定基本功能相关参数前务必确认了解各参数对应的功能用途,错误设定基本功能相关参数可能造成部分系统功能不能正常实现或影响其他系统功能的正常实现。

设定基本功能相关参数后需要重启系统。

基本功能相关参数(1)见表 3-2-1。

表 3-2-1　基本功能相关参数(1)

参数号	内容	备注
No. 8130	设定系统各路径控制轴数	包含基于伺服电动机的主轴控制时使用的伺服轴
No. 8131#0 = 1	HPG　使用手轮进给功能	
No. 8131#2 = 1	EDC　使用外部减速功能	
No. 8131#3 = 1	AOV　使用自动拐角倍率功能	
No. 8133#0 = 1	SSC　使用恒表面速度控制功能	
No. 8133#1 = 1	AXC　使用主轴定位功能	
No. 8133#2 = 1	SCS　使用 Cs 轮廓控制功能	
No. 8133#3 = 1	MSP　使用多主轴控制功能	
No. 8133#4 = 1	SYC　使用主轴同步控制功能	
No. 8133#5 = 1	SSN　不使用串行主轴控制功能	

说明:

参数　　8130　　　　　　　　　　　　　控制轴数

设定系统各路径控制轴数。使用基于伺服电动机的主轴控制功能时,设定的轴数中要包含对应轴。

参数	8133	#7	#6	#5	#4	#3	#2	#1	#0	
				SSN	SYC	MSP	SCS	AXC	SSC	T系列
				SSN	SYC	MSP	SCS		SSC	M系列

#5 SSN:串行主轴控制功能。

0:使用(系统控制主轴包含串行主轴和模拟主轴)。

1:不使用(系统控制主轴全部是模拟主轴时)。

根据实际机床主轴配置设定该参数,不能同时使用基于串行主轴的主轴定位功能和 Cs 轮廓控制功能。

基本功能相关参数(2)见表3-2-2。

表 3-2-2 基本功能相关参数(2)

参数号	内容	备注
No. 8134#0 = 1	IAP 使用图形对话加工程序编制功能	
No. 8134#1 = 1	BAR 使用卡盘和尾座屏障功能	仅用于 T 系列
No. 8134#2 = 1	CCR 使用倒角/拐角 R 编程功能	
No. 8134#3 = 0	NGR 使用图形显示功能	
No. 8134#6 = 0	NBG 使用背景编辑功能	
No. 8134#7 = 0	NCT 使用运行时间和零件计数显示功能	
No. 8135#0 = 0	NPE 使用存储型螺距误差补偿功能	
No. 8135#1 = 0	NHI 使用手轮中断控制功能	
No. 8135#2 = 0	NSQ 使用程序再启动功能	
No. 8135#3 = 0	NRG 使用刚性攻螺纹功能	
No. 8135#4 = 0	NOR 使用主轴定向功能	适用于串行主轴

基本功能相关参数(3)见表3-2-3。

表 3-2-3 基本功能相关参数(3)

参数号	内容
No. 8135#5 = 0	NMC 使用用户宏功能
No. 8135#6 = 0	NCV 使用追加用户宏公共变量功能
No. 8135#7 = 0	NPD 使用模式数据输入功能
No. 8136#0 = 0	NWZ 使用工件坐标系功能
No. 8136#1 = 0	NWC 使用工件坐标系预置功能
No. 8136#2 = 0	NWN 使用追加工件坐标系组(48 组)功能
No. 8136#3 = 0	NOP 使用软操作面板功能
No. 8136#4 = 0	NOW 使用软操作面板通用开关功能
No. 8136#5 = 0	NDO 使用刀具补偿组 400(M 系)/刀具补偿组 99(1 路径 T 系)
No. 8136#6 = 0	NGW 使用刀具偏置存储器 C(M 系)/刀具外形磨损补偿(T 系)
No. 8136#7 = 0	NTL 使用刀具长度测量功能(M 系) NCR 刀尖半径补偿功能(T 系)

二、轴控制关系参数

（1）单位设定参数

参数	0000	#7	#6	#5	#4	#3	#2	#1	#0
							INI		

#2　INI

0：程序输入单位为米制。

1：程序输入单位为寸制。

参数	1001	#7	#6	#5	#4	#3	#2	#1	#0
									INM

#0　INM

0：直线轴的最小移动单位为米制。

1：直线轴的最小移动单位为寸制。

该参数设定机械系统为米制/寸制，也可以在设定画面选择程序指令为米制/寸制。

（2）直径/半径指定参数

参数	1006	#7	#6	#5	#4	#3	#2	#1	#0
				ZMI		DIA			

#5　ZMI：各轴手动参考点返回方向。

0：正方向。

1：负方向。

#3　DIA

0：移动指令按半径规格指令。

1：移动指令按直径规格指令。

在车床上，工件的径向尺寸一般用直径值指定。用参数选择直径值编程时，轴只移动编程值的一半距离。按半径值编程时，轴按指令值移动。通常把 X 轴设为 1，把 Z 轴设为 0。直径指定的轴的移动量，自动取指令值的一半。另外，直径指定的轴的检测单位变为半径指定的轴的一半（半径指定的轴是 1mm/1000 时，将变为 5mm/10000），如图 3-2-1 所示。

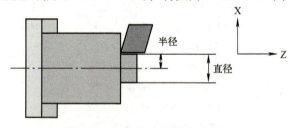

图 3-2-1　直径/半径编程示意图

（3）各轴增量系设定参数

参数	1013	#7	#6	#5	#4	#3	#2	#1	#0
						ISEx	ISDx	ISCx	ISAx

参数 1013 设定见表 3-2-4。

表 3-2-4　参数 1013 设定单位

设定单位		1013			
		#3	#2	#1	#0
IS – A	0.01mm	0	0	0	1
IS – B	0.001mm	0	0	0	0
IS – C	0.0001mm	0	0	1	0

		#7	#6	#5	#4	#3	#2	#1	#0
参数	1004	IPR							

#7：IPR 指令不带小数点的指令时，各轴最小输入增量。

0：和最小指令增量一致。

1：最小指令增量的 10 倍。

（4）轴名称参数、CNC 基本轴名称设定（包含 PMC 轴）参数

参数	1020	各轴轴名

A：65　B：66　C：67　U：85　V：86　W：87　X：88　Y：89　Z：90

CNC 机床轴名称代表的运动方向和右手直角坐标系的关系如图 3-2-2 所示。

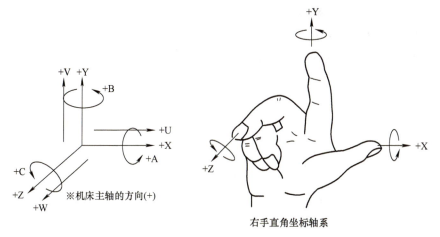

图 3-2-2　CNC 机床轴运动方向和右手直角坐标系的关系

（5）各轴属性参数

参数	1022	各轴属性的设定

0：既不是基本轴，也不是基本轴的平行轴。

1：基本轴的 X 轴。

2：基本轴的 Y 轴。

3：基本轴的 Z 轴。

5：X 轴的平行轴。

6：Y 轴的平行轴。

7：Z 轴的平行轴。

设定错误时，圆弧插补、刀具长度/直径补偿、刀尖圆弧补偿不能正确进行。

（6）伺服轴号参数

参数	1023	各控制轴使用伺服轴号

设定各控制轴使用的伺服轴号，通常设定与各控制轴号一致，控制轴号是设定轴型参数或轴型 PMC 信号的顺序号。

（7）有关回转轴参数　把任一轴当作回转轴使用时，设定以下参数。回转轴的单位为"°"。

参数	1006							ROT	

#0　ROT

0：直线轴。

1：旋转轴。

把#0（ROT）设定为 1 时，当前位置显示画面的机床坐标将变为回转轴型。

		#7	#6	#5	#4	#3	#2	#1	#0
参数	1008						RRL		ROA

#2　RRL：相对坐标。

0：不按每转移动量循环显示。

1：按每转移动量循环显示。

相对坐标是操作者使用的计数器。该参数设为 1 时，当前位置显示画面的相对坐标将变为回转轴型。

#0　ROA：旋转轴循环显示功能。

0：无效。

1：有效。

绝对坐标是在加工程序中使用的坐标系。该参数设为 1 时，当前位置显示画面的绝对坐标将变为回转轴型。所谓坐标值的归算、循环就是当坐标值达到 1 转的移动量时，即回到 0。例如，在归算化设定中，1 转的移动量设为 360°时，359.999°之后就是回到 0。

参数	1260	旋转轴每转移动量

（8）有关坐标系的参数

参数	1005							DLZ	ZRN

#0　ZRN：系统上电后在未建立参考点的情况下，执行除 G28 指令外的移动指令时。

0：PS0224 报警。

1：不报警。

未建立参考点的情况包括：未使用绝对位置检测器时，上电后未正常执行参考点返回操作；使用绝对位置检测器时，机床坐标和绝对位置检测器坐标未对应。

#1　DLZ：无挡块参考点设定方式。

0：无效。

1：有效。

| 参数 | 1240 | 各轴第一参考点的机械坐标系坐标值 |

| 参数 | 1241 | 各轴第二参考点的机械坐标系坐标值 |

设定各轴机械坐标系的第一参考点和第二参考点的坐标值。

(9) 有关软限位的参数

| 参数 | 1300 | #7 | #6 LZR | #5 | #4 | #3 | #2 | #1 | #0 |

#6　LZR

0：软限位检测在返回参考点之前检测。

1：软限位检测在返回参考点之后检测。

| 参数 | 1320 | 各轴移动范围正极限 |

| 参数 | 1321 | 各轴移动范围负极限 |

用机床坐标系的坐标值设定各轴的移动范围。在回参考点之前，设定最大值（参数 1320 = 99999999）和最小值（参数 1321 = -99999999）。

参数 1320 的设定值小于参数 1321 的设定值时，行程为无限大。

(10) 伺服相关参数

| 参数 | 1815 | #7 | #6 | #5 APC | #4 APZ | #3 | #2 | #1 OPT | #0 |

#5　APC：位置检测器类型。

0：增量式。

1：绝对式。

设定该参数后，"要求回原点"的报警灯亮。此时请正确执行返回参考点的操作。

#4　APZ：使用绝对式位置检测器时，机床坐标和位置检测器坐标。

0：未对应。

1：对应。

更换绝对位置检测器或绝对位置检测器用电池后，需要重新设定参考点。

#1　OPT：分离型位置检测器。

0：不使用。

1：使用。

首先应使用电动机内置的脉冲编码器，确认电动机运行正常。然后安装分离型位置检测器并进行正确设定。

| 参数 | 1825 | 各轴位置环增益　　(0.01/s) |

设定伺服响应，标准值设定为 3000。数值越大，伺服的响应越好，但过大时会导致不稳定。进行插补（2 轴以上控制，移动指定的路径）的轴，设定相同的值。定位专用轴和刀库、

托盘等其他系统驱动的轴，可设定不同的值。伺服环增益为30时，伺服时间常数为33ms。

$$伺服时间常数 = \frac{1s}{伺服环增益} = \frac{1s}{30} = 0.033s$$

参数	1826	各轴到位宽度

设定各轴到位宽度，位置偏差量（诊断号300号的值）的绝对值小于该设定值时，认为定位已结束，如图3-2-3所示。

因为位置偏差量与进给速度成正比，所以到位状态可以认为是设定速度下的状态。当增大该设定值时，轴就会在没有完全停止时进入下面的动作区（程序例），如图3-2-4所示。

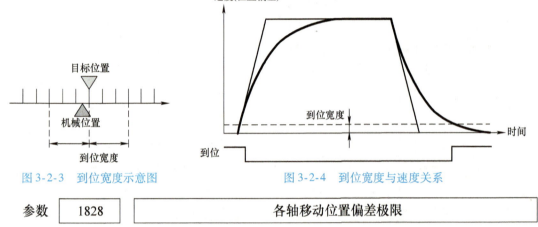

图3-2-3　到位宽度示意图　　　　图3-2-4　到位宽度与速度关系

参数	1828	各轴移动位置偏差极限

给出移动指令后，如位置偏差量超出设定值就发出SV0411号报警。

用检测单位求出快速进给时的位置偏差量，为了使在一定的超程内报警灯不亮，应留有约20%的余量。

通常，在车床上直径指定的轴的检测单位为半径指定的一半。此时，该参数的设定值将是2倍。

$$设定值 = \frac{快速移动速度}{60} \times \frac{1}{伺服环增益} \times \frac{1}{检测单位} \times 1.2$$

例如，快速进给速度为24000mm/min，伺服环增益为30.00/s，检测单位为1/1000mm时。

$$设定值 = \frac{24000}{60} \times \frac{1}{30} \times \frac{1}{0.001} \times 1.2 = 16000$$

因此车床X轴设定应为16000×2=32000。

参数	1829	各轴停止位置偏差极限

在没有给出移动指令时，位置偏差量超出该设定值时出现SV0410报警。

例如，垂直轴上没有装平衡重锤时，如果伺服放大器和伺服电动机没有正常工作时，机械就会因自重而下落。

回转轴上定位结束，使用机械锁紧时，使用该参数和伺服关闭信号（SVF）。

（11）速度相关参数

参数	1401	#7	#6 RDR	#5	#4	#3	#2	#1 RPD	#0

#1 RPD：机床（配置增量编码器时）未执行参考点返回操作前手动快速移动。
0：无效（执行点动进给）。
1：有效。
#6 RDR：对于快速移动指令，空运行。
0：无效。
1：有效。

参数	1410	空运行速度

设定机床空运行速度。空运行的实际速度参考表 3-2-5。

表 3-2-5 空运行的实际速度参考表

手动快速（RT）开关信号状态	程序指令	
	快速移动	切削进给
0	空运行速度×JV 或快移速度 ＊1	空运行速度×JV ＊2
1	快移速度	空运行速度×JVmax ＊2

注：JV—手动进给倍率；JVmax—手动进给倍率最大值；＊1—由参数 1401#6 RDR 选择；＊2—受最大切削进给速度钳制。

参数	1420	各轴快速移动速度

设定快移倍率为 100% 时，各轴的快速移动速度。

参数	1421	各轴快移倍率为 F0 时的快速移动速度

设定快移倍率为 F0 时，各轴的快速移动速度。

参数	1423	各轴点动进给移动速度

设定点动进给倍率为 100% 时，各轴的点动进给移动速度。

参数	1424	各轴手动快速移动速度

设定快移倍率为 100% 时，各轴的手动快速移动速度。
参数 1424 设定为 0 时，使用参数 1420（各轴快移速度）的设定值。

参数	1425	各轴参考点返回操作时的 FL 速度

设定各轴参考点返回操作时的 FL 速度。

参数	1428	各轴参考点返回操作速度

设定各轴参考点返回操作速度。参数 1428 设定值非 0 时，各轴移动速度按表 3-2-6 所示。

表 3-2-6 参数 1428 设定值非 0 时，各轴移动速度

状态	坐标系建立前	坐标系建立后
自动返回参考点 G28	1428	1420
自动快速移动 G00	1428	1420
手动参考点返回 ＊1	1428	1428
手动快速移动	1423 ＊2	1424

参数1428设定值为0时，各轴移动速度按表3-2-7所示。

表3-2-7　参数1428设定值为0时，各轴移动速度

状态	坐标系建立前	坐标系建立后
自动返回参考点 G28	1420	1420
自动快速移动 G00	1420	1420
手动参考点返回　*1	1424	1424
手动快速移动	1423　*2	1424

注：*1—参数1401#2（JZR）为1时，始终使用点动速度执行手动返回参考点操作；*2—参数1401#0（RPD）为1时，使用参数1424设定值。

参数	1430	各轴最大切削速度

设定各轴最大切削速度。

（12）加减速相关

	#7	#6	#5	#4	#3	#2	#1	#0
参数　1610				JGLx			CTBx	CTLx

#4　JGLx：点动进给加减速类型。

0：指数型加减速。

1：与切削进给加减速类型一致。

#1　CTBx：切削进给或空运行加减速类型。

0：指数型或直线型加减速。

1：铃型加减速。

#0　CTLx：切削进给或空运行加减速类型。

0：指数型加减速。

1：直线型加减速。

参数	1620	各轴快速移动直线型加减速时间常数T或铃型加减速时间常数T_1

设定各轴快速移动加减速时间常数，直线型加减速方式如图3-2-5所示。

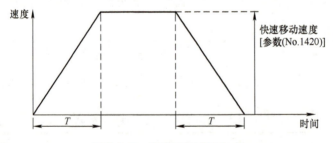

图3-2-5　直线型加减速方式

参数	1621	各轴快速移动铃型加减速时间常数T_2

设定各轴快速移动铃型加减速时间常数T_2，铃型加减速方式如图3-2-6所示。

参数	1622	各轴切削进给加减速时间常数

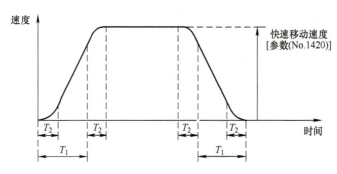

图 3-2-6　铃型加减速方式

设定各轴切削进给加减速时间常数。

| 参数 | 1623 | 各轴切削进给指数加减速的FL速度 |

设定各轴切削进给指数加减速的 FL 速度。除特殊应用外各轴该参数应设定为 0，否则加工的直线或圆弧外形不正确。

| 参数 | 1624 | 各轴点动进给加减速时间常数 |

设定各轴点动进给加减速时间常数。

| 参数 | 1625 | 各轴点动进给指数加减速的FL速度 |

设定各轴点动进给指数加减速的 FL 速度。

（13）主轴控制相关参数

	#7	#6	#5	#4	#3	#2	#1	#0
参数 3716								A/S

#0　A/S：主轴电动机类型。

0：模拟主轴。

1：串行主轴。

使用串行主轴时，需要设定参数 8133#5（SSN）为 0。最多可以控制一个模拟主轴。

| 参数 | 3717 | 各主轴对应的电动机号 |

设定分配给各主轴的主轴放大器号。

0：未连接放大器。

1：使用连接到第一放大器的主轴电动机。

2：使用连接到第二放大器的主轴电动机。

3：使用连接到第三放大器的主轴电动机。

使用多个主轴时，需要将模拟主轴分配在主轴组合的末端。例如，如果系统控制两个串行主轴和一个模拟主轴，指定模拟主轴用放大器号为 3。

（14）切断电源　设定参数出现 PW0000 号报警或报警灯亮时，应切断电源，然后再通电。

三、轴参数设定步骤

系统基本参数设定可通过参数设定支援画面进行操作。按下功能键【SYSTEM】后，按继续菜单键【+】数次，显示软键【PRM 设定】。按下软键【PRM 设定】，出现参数设定支援画面，如图 3-2-7 所示。

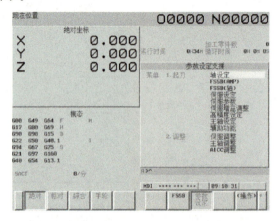

图 3-2-7　参数设定支援画面

1. 参数支援画面各项目

起动项目中，设定在起动机床时所需的最低限度的参数，内容见表 3-2-8。调整项目显示用来调整伺服、主轴以及 AICC 调整的画面，内容见表 3-2-9。

表 3-2-8　参数支援画面起动项目

项目名称	内　容
轴设定	设定轴、主轴、坐标、进给速度、加减速参数等 CNC 参数
FSSB（AMP）	显示 FSSB 放大器设定画面
FSSB（轴）	显示 FSSB 轴设定画面
伺服设定	显示伺服设定画面
伺服参数	设定伺服的电流控制、速度控制、位置控制、反间隙加速的 CNC 参数
伺服增益调整	自动调整速度环增益
高精度设定	设定伺服的时间常数、自动加减速的 CNC 参数
主轴设定	显示主轴设定画面
辅助功能	设定 DI/DO、串行主轴等的 CNC 参数

表 3-2-9　参数支援画面调整项目

项目名称	内　容
伺服调整	显示伺服调整画面
主轴调整	显示主轴调整画面
AICC 调整	显示加工参数调整（先行控制/AI 轮廓控制）画面

2. 标准值设定

通过软键【初始化】，可以在对象项目内所有参数中设定标准值。

标准值设定操作步骤如下：

在参数设定支援画面上，将光标指向要进行初始化的项目。按下软键【操作】，显示软键【初始化】，如图 3-2-8 所示。

按下软键【初始化】，显示警告信息"是否设定初始值?"。按下软键【执行】，设定所选项目的标准值。本操作可自动地将所选项目中所包含的参数设定为标准值，如图 3-2-9 所示。不希望设定标准值时，按下软键【取消】，即可中止设定。另外，没有提供标准值的参数不会被变更。

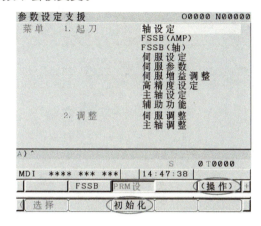

图 3-2-8　初始化画面

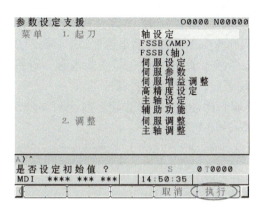

图 3-2-9　标准值执行画面

注意事项：

1）初始化只可以执行轴设定、伺服参数、高精度设定、辅助功能项目。

2）进行本操作时，为了确保安全，请在急停状态下进行。

3）标准值是 FANUC 建议使用的值，无法按照用户需要个别设定标准值。

4）本操作中，设定对象项目中所有的参数，但是也可以进行对象项目中各组的参数设定，或个别设定参数。

3. 与轴设定相关的 CNC 参数初始设定

进入参数设定支援画面，按下软键【操作】，将光标移动至"轴设定"处，按下软键【选择】，出现轴设定基本组参数画面，如图 3-2-10 所示。此后的参数设定就在该画面进行。

在参数设定画面上，参数被分为几个组，并被显示在每组的连续页面上。各组参数最终的设定值应根据机床的特性、使用方法进行调整并确定。

（1）基本组

1）标准值设定。进行基本组的参数标

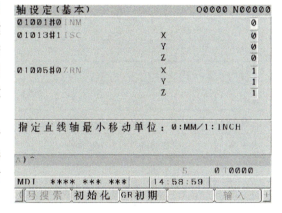

图 3-2-10　轴设定基本组参数画面

准值设定。按下 PAGE UP/PAGE DOWN 键数次，显示出基本组画面，然后按下软键【GR 初期】，如图 3-2-11 所示。

画面上出现"是否设定初始值?"提示信息，按下软键【执行】，如图 3-2-12 所示。至此，基本组参数的标准值设定完成。

注意：

① 无论从组内的哪个页面上选择【GR 初期】，对于组内所有页面上的参数均进行标准值设定。

② 有的参数没有标准值，即使进行了标准值的设定，这些参数的值也不会被改变。

③ 根据标准值设定，有时会出现报警（PW0000）"必需关断电源"，并切换到报警画面，但是，此时不必立即切断电源。返回参数设定画面，进入下一步骤即可。

2）附加轴的参数设定。对于附加轴，设定表 3-2-10 所列参数。

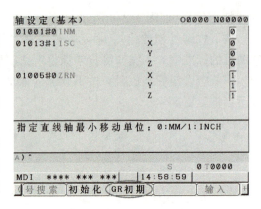

图 3-2-11　基本组的参数标准值设定

图 3-2-12　基本组的参数标准值设定执行画面

表 3-2-10　附加轴参数

1020	各轴的程序轴名称	各轴
1022	各轴属性的设定	各轴

附加轴的程序轴名称见表 3-2-11。

表 3-2-11　附加轴的程序轴名称

M 系列				T 系列			
轴名称	设定值	轴名称	设定值	轴名称	设定值	轴名称	设定值
U	85	A	65	Y	89	B	66
V	86	B	66	A	65	C	67
W	87	C	67	—			

附加轴属性设定值含义见表 3-2-12。

表 3-2-12　附加轴属性设定值含义

设定值	含　义
0	回转轴（非 3 个基本轴，也非它们的平行轴）
5	X 轴的平行轴
6	Y 轴的平行轴
7	Z 轴的平行轴

3）没有标准值的参数设定。有的参数尚未设定标准值，需要手动进行这些参数的设定。输入参数号，按下软键【搜索号】，光标就会移动到指定的参数处。下面参数为需要手动设定的参数。

① 若是直线轴，则设定最小移动单位为米制系统还是寸制系统（表 3-2-13）。

表 3-2-13 最小移动单位系统

1001#0	直线轴的最小移动单位为 0：米制系统（米制机床系统） 1：寸制系统（寸制机床系统）	所有轴通用

② 设定单位和最小移动单位（表 3-2-14）。

表 3-2-14 单位和最小移动单位

1013#1	设定单位、最小移动单位 0：IS - B 0.001mm、0.001deg 或 0.0001in 1：IS - C 0.0001mm、0.0001deg 或 0.00001in	各轴

③ 使用无挡块参考点返回时，设定是否有效（表 3-2-15）。

表 3-2-15 无挡块参考点返回

1005#1	无挡块参考点返回 0：无效 1：有效	各轴

④ 对于各轴设定直线轴/回转轴（表 3-2-16）。

表 3-2-16 直线轴/回转轴

1006#0	直线轴/回转轴 0：直线轴 1：回转轴	各轴

⑤ 对于各轴设定半径/直径指令（表 3-2-17）。

表 3-2-17 移动指令

1006#3	各轴的移动指令为 0：半径指令 1：直径指令	各轴

⑥ 对各轴设定手动返回参考点的方向（表 3-2-18）。

表 3-2-18 手动返回参考点方向

1006#5	手动返回参考点方向为 0：正方向 1：负方向	各轴

⑦ 对外置脉冲编码器的使用进行设定（表 3-2-19）。

表 3-2-19 外置脉冲编码器

1815#1	是否使用外置脉冲编码器 0：不使用 1：使用	各轴

⑧ 就机械位置和绝对位置检测器的位置对应进行设定（表3-2-20）。

表3-2-20 机械位置和绝对位置检测器的位置对应

1815#4	机械位置和绝对位置检测器的位置对应 0：尚未结束 1：已经结束	各轴

⑨ 设定位置检测器是否为绝对位置检测器（表3-2-21）。

表3-2-21 位置检测器

1815#5	位置检测器为 0：非绝对位置检测器 1：绝对位置检测器	各轴

⑩ 设定其他参数（表3-2-22）。

表3-2-22 参数设定（基本组）

参数	设定值例	含义	类型
1825	5000	伺服位置环增益	各轴
1826	10	到位宽度	各轴
1828	7000	移动中位置偏差极限值	各轴
1829	500	停止时位置偏差极限值	各轴

(2) 主轴组

1) 标准值设定。进行主轴组的参数标准值的设定，与基本组步骤相同。

2) 没有标准值的参数设定。

① 对主轴电动机的种类进行设定（表3-2-23）。

表3-2-23 主轴电动机种类

3716#0	主轴电动机的种类为 0：模拟电动机 1：串行主轴	各主轴

② 对各主轴对应的电动机号设定（表3-2-24）。

表3-2-24 主轴电动机号

3717	主轴电动机的种类为 0：模拟电动机 1：串行主轴	各主轴

(3) 坐标组

1) 标准值设定。进行坐标组的参数标准值的设定，与基本组步骤相同。

2) 没有标准值的参数设定。设定下列参数（表3-2-25）。

表 3-2-25 参数设定（坐标组）

参数	含义	类型	数据单位
1240	第 1 参考点的机械坐标	各轴	设定单位
1241	第 2 参考点的机械坐标	各轴	设定单位
1320	存储行程检测 1 的正向边界的坐标值	各轴	设定单位
1321	存储行程检测 1 的负向边界的坐标值	各轴	设定单位

（4）进给速度组

1）标准值设定。进行进给速度的参数标准值的设定，与基本组步骤相同。

2）没有标准值的参数设定。设定下列参数（表3-2-26）。

表 3-2-26 参数设定（进给速度组）

参数	设定值例	含义	类型
1410	1000	空运行速度	所有轴
1420	8000	快速移动速度	各轴
1421	1000	快速移动速度倍率 F0 速度	各轴
1423	1000	JOG 进给速度	各轴
1424	5000	手动快速移动速度	各轴
1425	150	返回参考点时的 FL 速度	各轴
1428	5000	返回参考点速度	各轴
1430	3000	最大切削进给速度	各轴

（5）进给控制组 设定下列参数。

1）设定切削进给、空运行、JOG 进给时的加减速的类型（表3-2-27）。

表 3-2-27 加减速类型

参数	含义	类型
1610#0	切削进给、空运行的加减速为 0：指数函数型加减速 1：插补后直线加减速	各轴
1610#4	JOG 进给的加减速为 0：指数函数型加减速 1：与切削进给相同加减速	各轴

2）设定下列参数（表3-2-28）。

表 3-2-28 参数设定（进给控制组）

参数	设定值例	含义	类型
1620	100	快速移动的直线型加减速时间常数	各轴
1622	32	切削进给的加减速时间常数	各轴
1623	0	切削进给插补后加减速的 FL 速度	各轴
1624	100	JOG 进给的加减速时间常数	各轴
1625	0	JOG 进给的指数函数型加减速的 FL 速度	各轴

4. 重新启动 CNC

断开 CNC 的电源,而后再接通。通过上述操作,与轴设定相关的 CNC 参数的初始设定到此结束。

四、与轴设定相关的 CNC 参数总结

表 3-2-29～表 3-2-33 所列为与轴设定相关的 CNC 参数。

表 3-2-29　与轴设定相关的基本组 CNC 参数

组	项目名	参数号	简要说明	初始操作设定值
基本	INM	No. 1001#0	直线轴的最小移动单位 0:米制机械系统 1:寸制机械系统	
	ISCx	No. 1013#1	设定最小设定单位(指令单位) 0:IS-B 1:IS-C	
	ZRNx	No. 1005#0	在没有确定原点的状态下执行自动运行(G28 以外)时 0:发出报警(PS0224) 1:不发出报警	0
	DLZx	No. 1005#1	无挡块参考点返回 0:无效(各轴) 1:有效(各轴)	
	ROTx	No. 1006#0	直线轴和回转轴的设定 0:直线轴 1:回转轴	
	DIAx	No. 1006#3	各轴的移动量的指令的设定 0:半径指定 1:直径指定	
	ZMIx	No. 1006#5	各轴参考点返回方向 0:正向 1:负向	
	ROAx	No. 1008#0	回转轴 360°循环显示功能 0:无效 1:有效	1
	RRLx	No. 1008#2	是否以旋转一周的移动量来圆整相对坐标 0:不予圆整 1:予以圆整	1
	AXIS NAME	No. 1020	各轴的程序名称	M 系列:X(88),Y(89),Z(90) T 系列:X(88),Z(90)
	AXIS ATTRIBUTE	No. 1022	各轴在基本坐标系中的属性	M 系列:1,2,3 T 系列:1,3

（续）

组	项目名	参数号	简要说明	初始操作设定值
基本	SERVO AXIS NUM	No. 1023	各轴的伺服轴号	从开头的轴数起为1，2，3，…
	OPTx	No. 1815#1	是否使用分离型脉冲编码器 0：不使用 1：使用	
	APZx	No. 1815#4	机械位置和绝对位置检测器的位置对应 0：尚未结束 1：已经结束	
	APCx	No. 1815#5	位置检测器为 0：增量位置检测器 1：绝对位置检测器	
	SERVO LOOP GAIN	No. 1825	各轴伺服位置环增益	
	IN-POS WIDTH	No. 1826	各轴的到位宽度	
	ERR LIMIT：MOVE	No. 1828	各轴的移动中位置偏差极限值	
	ERR LIMIT：STOP	No. 1829	各轴的停止时位置偏差极限值	500

表 3-2-30　与轴设定相关的主轴组 CNC 参数

组	项目名	参数号	简要说明	初始操作设定值
主轴	A/S	No. 3716#0	主轴电动机的种类为 0：模拟主轴 1：串行主轴	
	SPDL INDEX NO.	No. 3717	主轴放大器号 不使用的主轴请设定0	1

表 3-2-31　与轴设定相关的坐标组 CNC 参数

组	项目名	参数号	简要说明	初始操作设定值
坐标	REF. POINT#1	No. 1240	各轴的第1参考点的机械坐标	
	REF. POINT#2	No. 1241	各轴的第2参考点的机械坐标	
	AMOUNT OF 1 ROT	No. 1260	回转轴每旋转一周的移动量	360000
	LIMIT1 +	No. 1320	存储行程检测1的正向边界坐标值	
	LIMIT1 -	No. 1321	存储行程检测1的负向边界坐标值	

表 3-2-32　与轴设定相关的进给速度组 CNC 参数

组	项目名	参数号	简要说明	初始操作设定值
进给速度	RDR	No. 1401#6	在快速移动指令中空运行 0：无效 1：有效	0

(续)

组	项目名	参数号	简要说明	初始操作设定值
进给速度	DRY RUN RATE	No. 1410	空运行速度	
	RAPID FEEDRATE	No. 1420	每个轴的快速移动速度	
	RAPID OVERIDE FO	No. 1421	每个轴的快速移动倍率中的 FO 速度	
	JOG FEEDRATE	No. 1423	每个轴的 JOG 进给速度	
	MANUAL RAPID F	No. 1424	每个轴的手动快速移动速度	
	REF RETURN FL	No. 1425	每个轴的返回参考点时的 FL 速度	
	REF FEEDRATE	No. 1428	每个轴的返回参考点速度	
	MAX CUT FEEDRATE	No. 1430	每个轴的最高切削进给速度	

表 3-2-33 与轴设定相关的加/减速组 CNC 参数

组	项目名	参数号	简要说明	初始操作设定值
加/减速	CTL	No. 1610#0	切削进给、空运行的加减速为 0：指数函数型加减速 1：直线型加减速	
	JGL	No. 1610#4	JOG 进给的加减速为 0：指数函数型加减速 1：直线型加减速	
	RAPID TIME CONST	No. 1620	轴的快速移动的直线型加减速时间常数	
	CUT TIME CONST	No. 1622	轴的切削进给的直线型加减速时间常数	
	CUT FL	No. 1623	进给插补后加减速的 FL 速度	
	JOG TIME CONST	No. 1624	轴的 JOG 进给的直线型加减速时间常数	
	JOG FL	No. 1625	轴的 JOG 进给的指数函数型加减速的 FL 速度	

任务三　伺服参数的设定

【任务目标】

1）了解 FSSB 的概念及作用。
2）掌握 FSSB 的设定方法。
3）掌握伺服参数的设定方法。
4）了解高速高精度要求设定伺服参数的方法。

【相关知识】

一、FSSB 的初始设定

（一）FSSB 设定概述

1. 概要

通过高速串行伺服总线（FSSB）用一根光缆将 CNC 控制器和多个伺服放大器进行连

接，可大幅减少机床电气安装所需的电缆，并可提高伺服运行的可靠性。

使用 FSSB 对进给轴控制，需要设定参数 No. 1023、No. 1905、No. 1936、No. 1937、No. 14340 ~ No. 14349、No. 14376 ~ No. 14391。

设定这些参数的方法有 3 种。

（1）手动设定 1　通过参数 No. 1023 进行默认的轴设定。由此就不需要设定其他参数，也不会进行自动设定。需要注意的是，这种设定方法中，有的功能无法使用。

（2）手动设定 2　直接输入所有参数。

（3）自动设定　利用 FSSB 设定画面，输入轴和放大器的关系，进行轴设定的自动计算，即自动设定参数。

2. 从控装置

使用 FSSB 的系统，通过光缆连接 CNC 和伺服放大器以及分离式检测器接口单元。这些放大器和分离式检测器接口单元称为从控装置。2 轴放大器由 2 个从控装置组成，3 轴放大器则由 3 个从控装置组成。从控装置上，按照离 CNC 由近到远的顺序对 FSSB 赋予 1，2，…，8 的编号（从控装置号），如图 3-3-1 所示。

（二）FSSB 自动设定

1. FSSB（放大器）设定

进入参数设定支援画面，按下软键【操作】，将光标移动至"FSSB（AMP）"处，按下软键【选择】，出现参数设定画面，如图 3-3-2 所示。

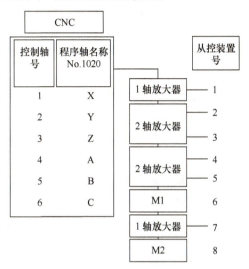

M1/M2：分离式检测器接口单元(第一台/第二台)

图 3-3-1　从控装置号

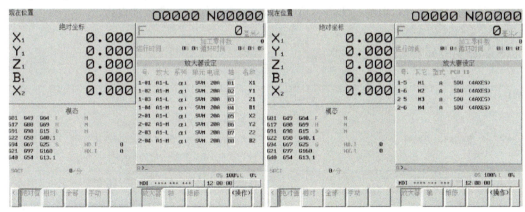

图 3-3-2　FSSB（放大器）设定画面

放大器设定画面显示项目有：号（从控器装置号）、放大（放大器型式）、轴（控制轴号）、名称（控制轴名称）。

放大器信息显示项目有：系列（伺服放大器系列）、单元（伺服放大器单元种类）、电流（最大电流值）。

分离式检测器接口单元信息显示项目有：其他（在表示分离式检测器接口单元的开头字母"M"之后，显示从靠近 CNC 一侧数起的表示第几台分离式检测器接口单元的数字）、型式（分离式检测器接口单元的型式，以字母予以显示）、PCB ID（以 4 位 16 进制数显示分离式检测器接口单元的 ID）。

在设定上述相关项目后，按下软键【操作】，按下软键【设定】。

2. FSSB（轴）设定

进入参数设定画面，按下软键【操作】，将光标移动至"FSSB（轴）"处，按下软键【选择】，出现参数设定画面。此后的参数设定就在该画面进行，如图 3-3-3 所示。

轴设定画面上显示项目有：轴（控制轴号）、名称（控制轴名称）、放大器（连接在各轴上的放大器的类型）、M1（用于分离式检测器接口单元 1 的连接器号）、M2（用于分离式检测器接口单元 2 的连接器号）、轴专有（伺服 HRV3 控制轴上以一个 DSP 进行控制的轴数有限制时，显示可由保持在 SRAM 上的一个 DSP 进行控制可能的轴数。"0"表示没有限制）、CS（CS 轮廓控制轴）。

在设定上述相关项目后，按下软键【操作】，按下软键【设定】。

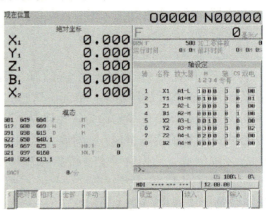

图 3-3-3 FSSB（轴）设定画面

3. 重新启动 NC

通过以上操作执行自动计算，设定参数 No. 1023、No. 1905、No. 1936、No. 1937、No. 14340～No. 14349、No. 14376～No. 14391。参数 AES（No. 1902#1）成为"1"表示各参数的设定已经完成。进行电源的 OFF/ON 操作时，按照各参数进行轴设定。

（三）FSSB 相关报警及信息

FSSB 相关报警及信息见表 3-3-1。

表 3-3-1 FSSB 相关报警及信息

编号	信息	内容
SV0456	非法的电流回路	所设定的电流控制周期不可设定 所使用的放大器脉冲模块不适合于高速 HRV。或者系统没有满足进行高速 HRV 控制的制约条件
SV0458	电流回路错误	电流控制周期的设定和实际的电流控制周期不同
SV0459	高速 HRV 设定错误	伺服轴号［参数（No.1023）］相邻的奇数和偶数的 2 个轴中，一个轴能够进行高速 HRV 控制，另一个轴不能进行高速 HRV 控制
SV0460	FSSB 断线	FSSB 通信突然脱开。可能是因为下面的原因 1. FSSB 通信电缆脱开或断线 2. 放大器的电源突然切断 3. 放大器发出低压报警

（续）

编号	信息	内容
SV0462	CNC 数据传送错误	因为 FSSB 通信错误，从控侧端接收不到正确数据
SV0463	送从属器数据失败	因为 FSSB 通信错误，伺服软件接收不到正确数据
SV0465	读 ID 数据失败	接通电源时，未能读出放大器的初始 ID 信息
SV0466	电动机/放大器组合不对	放大器的最大电流值和电动机的最大电流值不同 可能是因为下面的原因 1. 轴和放大器连接的指定不正确 2. 参数（No. 2165）的设定值不正确
SV0468	高速 HRV 设定错误（AMP）	针对不能使用高速 HRV 的放大器控制轴，进行使用高速 HRV 的设定
SV1067	FSSB：配置错误（软件）	发生了 FSSB 配置错误（软件检测）。所连接的放大器类型与 FSSB 设定值存在差异
SV5134	FSSB：开机超时	初始化时并没有使 FSSB 处于开的待用状态 可能是轴卡不良
SV5136	FSSB：放大器数不足	与控制轴的数目比较时，FSSB 识别的放大器数目不足 轴数的设定或者放大器的连接有误
SV5137	FSSB：配置错误	发生了 FSSB 配置错误 所连接的放大器类型与 FSSB 设定值存在差异
SV5139	FSSB：错误	伺服的初始化没有正常结束。可能是因为光缆不良、放大器和其他的模块之间连接错误
SV5197	FSSB：开机超时	虽然 CNC 允许 FSSB 打开，但是 FSSB 并未打开 确认 CNC 和放大器间的连接情况
SV5311	FSSB：连接非法	将伺服轴号［参数（No. 1023）］相邻的奇数和偶数的轴分别连接到不同路径的 FSSB 上的放大器并分配时出现此报警信息 当系统不符合为进行高速 HRV 控制的制约条件时，2 个 FSSB 的电流控制周期不同，在设定了使用连接在不同路径上的 FSSB 脉冲模块时会发出此报警

二、伺服的初始化设定

（一）初始化设定流程

在伺服设定画面、伺服调整画面上进行设定，如图 3-3-4 所示。

（二）伺服设定步骤

1. 准备

在急停状态下，进入参数设定支援画面，按下软键【操作】，将光标移动至"伺服设定"处，按下软键【选择】，出现参数设定画面。此后的参数设定，就在该画面进行，如图 3-3-5 所示。

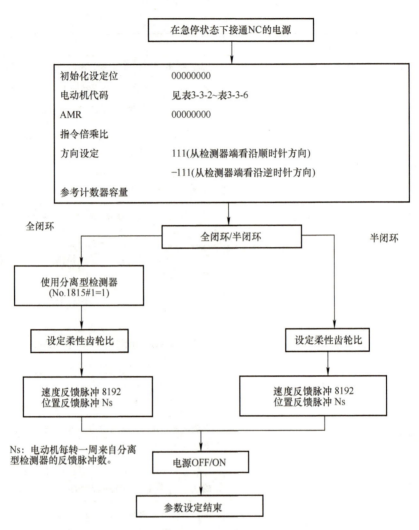

图3-3-4 初始化设定流程

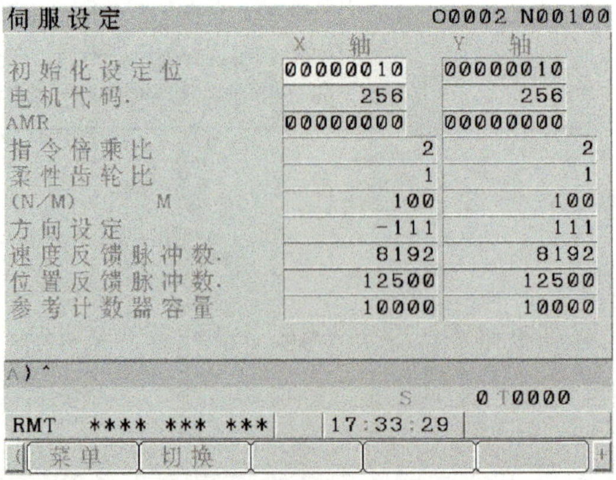

图3-3-5 伺服设定画面

2. 伺服初始化设定

将伺服设定画面各项目设定完后，执行 CNC 电源的 OFF/ON 操作。若是全闭环，应首先设定参数 OPTx（No.1815#1）= "1"。

#1 OPTx：作为位置检测器是否使用分离型脉冲编码器。

0：不使用（半闭环时）。

1：使用（全闭环时）。

1）初始化设定位为 00000000。当初始化设定正常结束，在下次进行 CNC 电源的 OFF/ON 操作时，自动地设定为 DGRP（#1）= "1"、PRMC（#3）= "1"。

2）电动机代码的设定　从表 3-3-2 ~ 表 3-3-6 中选择所使用的 αiS/αiF/βiS 系列伺服电动机的电动机代码。表中按电动机型号列出了电动机代码、图号（A06B - * * * * - B * * * 的中间 4 位数字）及软件版本号。

表 3-3-2　αiS 系列电动机

电动机型号	电动机图号	电动机号		90D0 90E0	90B0	90B5 90B6	90B1	9096
		HRV1	HRV2					
αiS 2/5000	0212	162	262	A	H	A	A	A
αiS 2/6000	0218	—	284	G	—	B	B	—
αiS 4/5000	0215	165	265	A	H	A	A	A
αiS 8/4000	0235	185	285	A	H	A	A	A
αiS 8/6000	0232	—	290	G	—	B	B	—
αiS 12/4000	0238	188	288	A	H	A	A	A
αiS 22/4000	0265	215	315	A	H	A	A	A
αiS 30/4000	0268	218	318	A	H	A	A	A
αiS 40/4000	0272	222	322	A	H	A	A	A
αiS 50/3000	0275 - B□0□	224	324	B	V	A	A	F
αiS 50/3000 FAN	0275 - B□1□	225	325	A	H	A	A	D
αiS 100/2500	0285	235	335	A	T	A	A	F
αiS 200/2500	0288	238	338	A	T	A	A	F
αiS 300/2000	0292	115	342	B	V	A	A	—
αiS 500/2000	0295	245	345	A	T	A	A	F

表 3-3-3　αiS（400V 高压）系列电动机

电动机型号	电动机图号	电动机号		90D0 90E0	90B0	90B5 90B6	90B1	9096
		HRV1	HRV2					
αiS 2/5000HV	0213	163	263	A	Q	A	A	D
αiS 2/6000HV	0219	—	287	G	—	B	B	—
αiS 4/5000HV	0216	166	266	A	Q	A	A	D

(续)

电动机型号	电动机图号	电动机号 HRV1	电动机号 HRV2	90D0 90E0	90B0	90B5 90B6	90B1	9096
αiS 8/4000HV	0236	186	286	A	N	A	A	D
αiS 8/6000HV	0233	—	292	G	—	B	B	—
αiS 12/4000HV	0239	189	289	A	N	A	A	D
αiS 22/4000HV	0266	216	316	A	N	A	A	D
αiS 30/4000HV	0269	219	319	A	N	A	A	D
αiS 40/4000HV	0273	223	323	A	N	A	A	D
αiS 50/3000HV FAN	0276-B□1□	226	326	A	N	A	A	D
αiS 50/3000HV	0276-B□0□	227	327	B	V	A	A	F
αiS 100/2500HV	0286	236	336	B	V	A	A	F
αiS 200/2500HV	0289	239	339	B	V	A	A	F
αiS 300/2000HV	0293	243	343	B	V	A	A	F
αiS 500/2000HV	0296	246	346	B	V	A	A	F
αiS 1000/2000HV	0298	248	348	B	V	A	A	F
αiS 2000/2000HV	0091	—	340	J	—	B	B	—

表 3-3-4 αiF 系列电动机

电动机型号	电动机图号	电动机号 HRV1	电动机号 HRV2	90D0 90E0	90B0	90B5 90B6	90B1	9096
αiF 1/5000	0202	152	252	A	H	A	A	A
αiF 2/5000	0205	155	255	A	H	A	A	A
αiF 4/4000	0223	173	273	A	H	A	A	A
αiF 8/3000	0227	177	277	A	H	A	A	A
αiF 12/3000	0243	193	293	A	H	A	A	A
αiF 22/3000	0247	197	297	A	H	A	A	A
αiF 30/3000	0253	203	303	A	H	A	A	A
αiF 40/3000	0257-B□0□	207	307	A	H	A	A	A
αiF 40/3000 FAN	0257-B□1□	208	308	A	I	A	A	C

表 3-3-5 αiF（400V 高压）系列电动机

电动机型号	电动机图号	电动机号 HRV1	电动机号 HRV2	90D0 90E0	90B0	90B5 90B6	90B1	9096
αiF 4/4000HV	0225	175	275	A	Q	A	A	E
αiF 8/3000HV	0229	179	279	A	Q	A	A	E
αiF 12/3000HV	0245	195	295	A	Q	A	A	E
αiF 22/3000HV	0249	199	299	A	Q	A	A	E

表 3-3-6　βiS 系列电动机

电动机型号	电动机图号	驱动放大器	电动机号 HRV1	电动机号 HRV2	90D0 90E0	90B0	90B5 90B6	90B1	9096
βiS 0.2/5000	0111	4A	—	260	A	N	A	A	*
βiS 0.3/5000	0112	4A	—	261	A	N	A	A	*
βiS 0.4/5000	0114	20A	—	280	A	N	A	A	*
βiS 0.5/6000	0115	20A	181	281	G	—	B	B	—
βiS 1/6000	0116	20A	182	282	G	—	B	B	—
βiS 2/4000	0061	20A	153	253	B	V	A	A	F
βiS 2/4000	0061	40A	154	254	B	V	A	A	F
βiS 4/4000	0063	20A	156	256	B	V	A	A	F
βiS 4/4000	0063	40A	157	257	B	V	A	A	F
βiS 8/3000	0075	20A	158	258	B	V	A	A	F
βiS 8/3000	0075	40A	159	259	B	V	A	A	F
βiS 12/2000	0077	20A	169	269	—	—	D	—	—
βiS 12/3000	0078	40A	172	272	B	V	A	A	F
βiS 22/2000	0085	40A	174	274	B	V	A	A	F
βiS 12/2000	0077	40A	168	268	—	—	D	—	—

3）AMR 的设定。此系数相当于伺服电动机的极数参数。若是 αiS/αiF/βiS 电动机，务必将其设定为 00000000。

4）指令倍乘比的设定。设定从 NC 到伺服系统的移动量的指令倍率。

$$设定值 = （指令单位/检测单位）\times 2$$

通常，指令单位 = 检测单位，因此，将其设定为 2。

5）柔性齿轮比的设定。

① 半闭环时。FANUC 伺服电动机每旋转一周固定为 100 万脉冲，与脉冲编码器的种类无关，如图 3-3-6 所示。

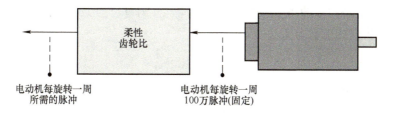

图 3-3-6　柔性齿轮比（半闭环）

柔性齿轮比 = 电动机每旋转一周所需的位置脉冲数 $/10^6$

柔性齿轮比的分子、分母，其最大设定值（约分后）均为 32767。

例 1　直线运动轴（齿轮比 1:1），直接连接螺距为 10mm/rev 的滚珠丝杠，检测单位为 1μm 时，电动机每旋转一周（10mm）所需的脉冲数为 10/0.001 = 10000。

$$柔性齿轮比 = \frac{10000}{100\,万} = \frac{1}{100}$$

例2 回转轴、电动机工作台之间的减速比为10:1，检测单位为0.001°的情形。

电动机每旋转一周时，工作台转动360°/10=36°。

检测单位为0.001°，因此，电动机每旋转一周的位置脉冲数为（电动机每旋转一周36°）/（检测单位0.001°）=36000。

因此，柔性齿轮比为

$$柔性齿轮比 = \frac{36000}{100\,万} = \frac{36}{1000}$$

例3 直线轴柔性齿轮比设定值N/M（齿轮比1:1）见表3-3-7。

表3-3-7　N/M值

检测单位	滚珠丝杠的螺距					
	6mm	8mm	10mm	12mm	16mm	20mm
1μm	6/1000	8/1000	10/1000	12/1000	16/1000	20/1000
0.5μm	12/1000	16/1000	20/1000	24/1000	32/1000	40/1000
0.1μm	60/1000	80/1000	100/1000	120/1000	160/1000	200/1000

② 全闭环时。设定相对于光栅尺输出脉冲的柔性齿轮比，如图3-3-7所示。

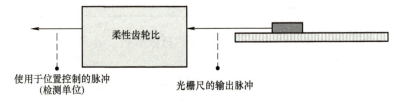

图3-3-7　柔性齿轮比（全闭环）

柔性齿轮比=使用于位置控制的脉冲/光栅尺的输出脉冲

例4 使用0.5μm光栅尺，检测1μm的情形。

对于1μm的移动，光栅尺的输出脉冲为1μm/0.5μm = 2。

NC用于位置控制的脉冲当量：输出1个脉冲=检测单位为1μm。

因此，柔性齿轮比的设定为

$$柔性齿轮比 = \frac{1}{2}$$

例5 柔性齿轮比设定值N/M见表3-3-8。

表3-3-8　N/M值

检测单位	光栅尺的分辨率			
	1μm	0.5μm	0.1μm	0.05μm
1μm	1/1	1/2	1/10	1/20
0.5μm	—	1/1	1/5	1/10
0.1μm	—	—	1/1	1/2

6)电动机回转方向的设定,如图3-3-8所示。

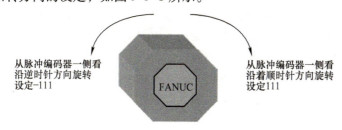

图3-3-8 电动机回转方向

7)速度反馈脉冲数、位置反馈脉冲数的设定。

① 半闭环时。速度反馈脉冲数设置为8192(固定值);位置反馈脉冲数设置为12500(固定值)。

② 全闭环时(并行型、串行光栅尺)。速度反馈脉冲数设置为8192(固定值);位置反馈脉冲数设置为来自电动机每旋转一周光栅尺的反馈脉冲数。

例6 在使用螺距为10mm的滚珠丝杠(直接连接)、具有1脉冲0.5μm的分辨率的分离型检测器的情形下。

$$电动机每旋转一周的反馈脉冲数 = \frac{滚珠丝杠的螺距 = 10mm}{光栅尺的分辨率} = 20000$$

因此,位置脉冲数为20000。

位置脉冲数的计算值大于32767时,请使用位置脉冲转换系数(No.2185),以位置脉冲数(No.2024)和转换系数这两个参数的乘积设定位置脉冲数。

例7 在使用螺距为16mm的滚珠丝杠(直接连接)、具有1脉冲0.1μm的分辨率的外设检测器的情形下。

$$电动机每旋转一周的反馈脉冲数 = \frac{滚珠丝杠的螺距 = 16mm}{光栅尺的分辨率 = 0.0001mm} = 160000$$

因此,位置脉冲数为160000,而此值超过32767,不能在伺服设定画面上的位置脉冲数范围内。

在这种情形下,可进行如下所示的设定。

No.2024 = 16000

No.2185 = 10

8)参考计数器容量的设定。设定参考器计数器。在进行栅格方式参考点返回时使用。

① 半闭环时。

$$参考计数器容量 = 电动机每旋转一周所需的位置脉冲数$$

例8 检测单位为1μm的情形下,参考计数器容量见表3-3-9。

表3-3-9 参考计数器容量

滚珠丝杆的螺距 /(mm/r)	所需的位置脉冲数 /(脉冲/r)	参考计数器容量	栅格宽 /mm
10	10000	10000	10
20	20000	20000	20

② 全闭环时。

参考计数器容量 = Z 相（参考点）的间隔/检测单位

例9 Z 相的间隔 =50mm，检测单位 =1μm 的情形。

参考计数器容量 = 50/0.0001 = 50000

断开 NC 的电源，而后再接通。至此，伺服的初始化设定结束。

三、伺服参数的初始设定

（一）初始设定步骤

1. 准备

在急停状态下，进入参数设定支援画面，按下软键【操作】，将光标移动至"伺服参数"处，按下软键【选择】，出现参数设定画面，如图 3-3-9 所示。此后的参数设定，就在该画面进行。

2. 标准值的设定

可以设定参数的标准值。标准值的设定有两种方法，只设定由光标所选参数的方法和设定组内所有参数的方法，步骤如下。

（1）个别的参数标准值设定　移动光标到需设定标准值的项目；按下软键【初始化】；显示"是否设定初始值？"的信息；按下软键【执行】。

如果光标所选项目没有标准值，按下软键【初始化】时，将显示告警信息"无初始值"。

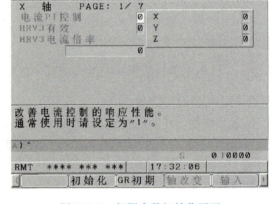

图 3-3-9　伺服参数初始化画面

（2）各组总体的标准值设定　按下软键【GR 初期（组参数的初始值）】；帮助信息框内显示"设定（光标所处的组名）群的参数标准值"的信息；显示"是否设定初始值？"的信息；按下软键【执行】。

通过以上操作，设定所选组的标准值。这种情况下，自动设定所选组内的所有参数，所以在设定标准值时要充分注意。没有标准值的参数不予设定。

（二）伺服参数表

见表 3-3-10。

表 3-3-10　伺服参数表

组	项目名	参数号	简要说明	初始操作设定值
电流控制	电流 PI 控制	No. 2203#2	改善电流控制的响应性 通常请在设定为"1"后使用	1
	HRV3 有效	No. 2013#0	0：HRV1 或 2　1：HRV3 直线电动机等建议使用 HRV3	
	HRV3 电流倍率	No. 2334	HRV3 指令中的电流增益倍率（%） 通常设定为"150"左右	150

（续）

组	项目名	参数号	简要说明	初始操作设定值
速度控制	PI 控制	No. 2003	0：无效　1：有效	1
	高速比例项处理	No. 2017#7	0：无效　1：有效	1
	最新速度 FB	No. 2006#4	设定为"1"时，利用最新的 FB 数据	1
	停止时增益降低	No. 2016#3	0：无效　1：有效	1
	停止判断等级	No. 2119	以检测单位设定停止判断等级，通常设定 2μm 左右的值	
	速度积分增益	No. 2043	通常使用标准值	
	速度比例增益	No. 2044	通常使用标准值	
	速度增益	No. 2021	设定为"100"左右	100
	转矩指令过滤器	No. 2067	建议值为 1166（200Hz）	1166
	切削/快速进给 G 切换	No. 2202#1	切削快速进给别速度增益切换功能通常设定为"1"下使用	1
	切削用 G 倍率	No. 2107	建议值为 150 左右	150
	HRV3 速度 G 倍率	No. 2335	建议值为 200 左右	200
位置控制	位置增益	No. 1825	建议值为 5000	5000
	FF（前馈）有效	No. 2005#1	0：无效　1：有效	M 系列：1 T 系列：无标准值
	快速 FF 有效	No. 1800#3	0：无效　1：有效	同上
	位置 FF 系数	No. 2092	通常设定为 10000（单位为 0.01%）	10000
	速度 FF 系数	No. 2069	通常设定为 50 左右（单位为 1%）	50
背隙加速	BL（反向间隙）补偿	No. 1851	背隙补偿量（检测单位），设为 0 以外的值	1
	全闭环 BL 补偿	No. 2006#0	全闭环时不进行背隙补偿 全闭环时，设定为"1"	1
	BL 加速有效	No. 2003#5	0：无效　1：有效	1
	BL 加速停	No. 2009#7	0：无效　1：有效	1
	切削的 BL 加速 1	No. 2009#6	0：无效　1：有效	1
	切削的 BL 加速 2	No. 2223#7	0：无效　1：有效	1
	2 段 BL 加速	No. 2015#6	0：无效　1：有效 为进行简单调试，请在设定为"0"情况下使用	0
	BL 加速量	No. 2048	从 50 左右起进行调试	50
	BL 加速停止量	No. 2082	设定为 5/检测单位（μm）	
	BL 加速时间	No. 2071	设定为 20	20

四、与高速高精度相关的 CNC 参数的初始设定

1. 准备

在紧急停止状态下,进入参数设定支援画面,按下软键【操作】,将光标移动至"高精度设定"处,按下软键【选择】,出现参数设定画面,如图 3-3-10 所示。此后的参数设定就在该画面进行。

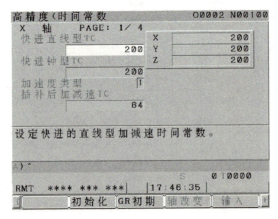

图 3-3-10 高精度设定画面

2. 初始设定

进行参数的初始设定,具体操作步骤请参考前文内容。

五、高精度设定的 CNC 参数表

表 3-3-11 为实现高精加工需要设定的 CNC 参数的初始值。

表 3-3-11 高精加工需要设定的 CNC 参数的初始值

组	项目名	参数号	简要说明	初始操作设定值
背隙加速	BL 补偿	No. 1851	背隙补偿量(检测单位) 设为 0 以外的值	1
	全闭环 BL 补偿	No. 2006#0	全闭环时不进行背隙补偿 全闭环时,设定为"1"	1
	BL 加速有效	No. 2003#5	0:无效 1:有效	1
	BL 加速停	No. 2009#7	0:无效 1:有效	1
	切削的 BL 加速 1	No. 2009#6	0:无效 1:有效	1
	切削的 BL 加速 2	No. 2223#7	0:无效 1:有效	1
	2 段 BL 加速	No. 2015#6	0:无效 1:有效 为进行简单调试,设定为"0"下使用	0
	BL 加速量	No. 2048	从 50 左右起进行调试	50
	BL 加速停止量	No. 2082	设定 5/检测单位(μm)	
	BL 加速时间	No. 2071	设定 20	20

（续）

组	项目名	参数号	简要说明	初始操作设定值
时间常数	快进直线型 TC	No. 1620	快速直线型时间常数（ms）	200
	快进钟型 TC	No. 1621	快速钟型时间常数（ms）	200
	加速度类型	No. 1610#0	插补后时间常数的类型 0：指数　　1：直线 通常请在设定为"1"下使用	1
	插补后加减速 TC	No. 1622	通常方式中的插补后时间常数 建议值为"64"	64
	插补前最大加速度	No. 1660	插补前加减速的最大加速度（mm/s²） 建议值为"833"	833.33
	插补前钟型 TC	No. 1772	插补前加减速的钟型时间常数（ms） 建议值为"57"	57
	插补后钟型有效	No. 1602#3	插补前加减速方式中的插补后加减速类型 0：指数或直线　　1：钟型 通常请在设定为"0"下使用	0
	插补后直线型有效	No. 1602#6	插补前加减速方式中的插补后加减速类型 0：指数　　1：直线 通常请在设定为"1"下使用	1
	插补后时间常数	No. 1769	插补前加减速方式中的插补后时间常数 建议值为"32"	32
自动加减速	圆弧容许加速度	No. 1735	圆弧插补的容许加速度（mm/s²）	
	圆弧下限速度	No. 1732	圆弧的最低速度（mm/min） 建议值为"100"	100
	拐角减速的速度	No. 1783	拐角减速速度（mm/min） 建议值为"533"	533
	最大切削进给速度	No. 1432	AI 轮廓控制或 AI 先行控制中的最大切削进给速度（mm/min） 建议值见注 1	
	容许加速度	No. 1737	速度决定中的容许加速度变化量（mm/sec/sec） 建议值见注 2	

注：1. No. 1432 的建议值：No. 1432 为 0 时：10000；No. 1432 不为 0：No. 1432 的设定值。
　　2. No. 1737 的建议值 =（No. 1432 的建议值）×（157/10000）。

注意：

1）在改变最大切削进给速度（No. 1432）值的情况下，请初始化容许加速度（No. 1737）的项目。

2）进行容许加速度（No. 1737）初始化时，如果尚未设定最大切削进给速度（No. 1432）值，系统将发出警告"无初始值"。

任务四 主轴相关参数的设定

【任务目标】

1) 了解串行主轴、模拟主轴的概念及用途。
2) 掌握串行主轴初始化的设定方法。
3) 掌握模拟主轴参数的设定方法。
4) 了解主轴的使用注意事项。

【相关知识】

一、串行主轴初始设定步骤

1. 准备

在急停状态下，进入参数设定支援画面，按下软键【操作】，将光标移动至"主轴设定"处，按下软键【选择】，出现主轴参数设定画面，如图3-4-1所示。此后的参数设定就在该画面进行。

2. 操作

（1）设定对象主轴的变更 按下软键【操作】，显示软键【SP改变】。按下软键【SP改变】，变更进行设定的对象主轴。

（2）数据的输入 在设定画面上，移动光标到要设定的项目，进行参数的设置。

（3）电动机型号的输入 电动机型号的数据输入可以从电动机型号代码表中进行。按下软键【代码】时显示电动机型号代码画面。软键【代码】在光标位于电动机型号项目时显示。此外，要从电动机型号表画面返回到上一画面，按下软键【返回】。

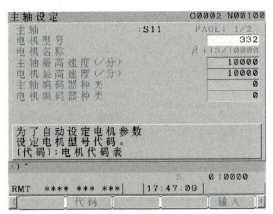

图3-4-1 主轴参数设定画面

切换到电动机型号表画面时，显示电动机型号代码所对应的电动机名称和放大器名称。将光标移动到希望设定的代码编号，按下软键【选择】时，输入完成。

（4）数据的设定 在所有项目中输入数据后，按下软键【设定】，CNC 即设定启动主轴所需的参数值。

正常完成参数的设定后，软键【设定】将被隐藏起来，并且进行主轴参数自动设定的参数位 SPLD（No. 4019#7）置为"1"。改变数据时，再次显示软键【设定】，进行主轴参数自动设定位 SPLD（No. 4019#7）置为"0"。

在尚未输入项目的状态下按下软键【设定】时，将光标移动到未输入的项目，会显示出提示"请输入数据"。输入数据后按下软键【设定】。重启 CNC 系统，CNC 完成启动主轴所需参数值的设定。

二、串行主轴参数设定画面

串行主轴设定画面上进行设定的项目见表 3-4-1。

表 3-4-1 设定项目

项目名	参数号	简要说明	备注
电动机型号	No. 4133	电动机型号	参数值也可通过查阅主轴电动机代码表,直接输入
电动机名称	—	—	根据所设定的"电动机型号"值显示名称
主轴最高速度	No. 3741	设定主轴的最高速度(r/min)	该参数是设定主轴第 1 档的最高转速,而非主轴的钳制速度(No. 3736)
电动机最高速度	No. 4020	主轴最高速度时对应的主轴电动机的速度(r/min)。设定值要等于或低于电动机规格的最高速度	
主轴编码器种类	No. 4020#3#2#1#0		
编码器旋转方向	No. 4001#4	0:与主轴相同的方向 1:与主轴相反的方向	"主轴编码器种类"为位置编码器时显示项目
电动机编码器种类	No. 4010#2#1#0		
电动机旋转方向	No. 4000#0	0:与主轴相同的方向 1:与主轴相反的方向	下列情况下显示项目: 1."主轴编码器种类"为位置编码器或接近开关 2.没有"主轴编码器种类",且"电动机编码器种类"为 MZ 传感器
接近开关检出边缘	No. 4004#3#2		
主轴侧齿轮齿数	No. 4171	设定主轴传动中的主轴侧齿轮的齿数	
电动机侧齿轮齿数	No. 4172	设定主轴传动中的电动机侧齿轮的齿数	

三、串行主轴使用的注意事项

串行主轴在使用过程中不运转的原因如下。

1)在 PMC 中主轴急停(G71.1)、主轴停止信号(G29.6)、主轴倍率(G30,当 G30 为 1 时,倍率为 0)没有处理。另外在 PMC 中注意 SIND 信号的处理,处理不当也将造成主轴不输出。

2)参数中没有设置串行主轴功能选择参数,即主轴没有设定。

3)如果 No. 1404#2 F8A 设置错误,将造成刚性攻螺纹时速度相差 1000 倍。

4）如果 No. 1405#0 F1U 设置错误，将造成刚性攻螺纹时速度相差 10 倍。

5）如果 No. 4001#0 MRDY（6501#0）（G229.7/G70.7）设置错误，将造成主轴没有输出，此时主轴放大器上 01#错误。

6）在没有使用定向功能时设定 No. 3732 将有可能造成主轴在低速旋转时不平稳。

7）当使用内装主轴时，使用 MCC 的吸合来进行换档，注意档位参数的设置（只设一档）。

8）如果 No. 3708#0（SAR）信号的设置不当可能造成刚性攻螺纹的不输出。

9）如果 No. 3705#2 SGB（铣床专有）误设，改参数以后使用 No. 3751/No. 3752 的速度。由于此时 No. 3751/No. 3752 没有设定，故主轴没有输出。

10）FANUC 的串行主轴有相序，连接错误将导致主轴旋转异常；主轴内部 SENSOR 损坏，放大器 31#报警。

11）No. 8133#0SSC 恒周速控制对主轴换档的影响（F34#0.1.2 无输出）。

12）No. 4000#2 位置编码器的安装方向对一转信号的影响（可能检测不到一转信号）。

四、使用模拟主轴的注意事项

模拟主轴不运转的可能原因如下。

1）在 PMC 中，主轴急停、主轴停止信号或主轴倍率没有处理。

2）参数中没有设置主轴选择参数或没有设置主轴的速度。

3）参数 No. 1802#2 CTS 设置错误，没有模拟输出。

4）参数 No. 3708#0 SAR 设置错误，主轴无输出（JA8A 5/7 脚）。

五、主轴电动机代码

见表 3-4-2。

表 3-4-2 主轴电动机代码

型号	β3/10000i	β6/10000i	β8/8000i	β12/7000i		ac15/6000i
代码	332	333	334	335		246
型号	ac1/6000i	ac2/6000i	ac3/6000i	ac6/6000i	ac8/6000i	ac12/6000i
代码	240	241	242	243	244	245
型号	α0.5/10000i	α1/10000i	α1.5/10000i	α2/10000i	α3/10000i	α6/10000i
代码	301	302	304	306	308	310
型号	α8/8000i	α12/7000i	α15/7000i	α18/7000i	α22/7000i	α30/6000i
代码	312	314	316	318	320	322
型号	α40/6000i	α50/4500i	α1.5/15000i	α2/15000i	α3/12000i	α6/12000i
代码	323	324	305	307	309	401
型号	α8/10000i	α12/10000i	α15/10000i	α18/10000i	α22/10000i	
代码	402	403	404	405	406	

（续）

型号	α12/6000ip	α12/8000ip	α15/6000ip	α15/8000ip	α18/6000ip	α18/8000ip
代码	407	407 N4020 = 8000 N4023 = 94	408	408 N4020 = 8000 N4023 = 94	409	409 N4020 = 8000 N4023 = 94
型号	α22/6000ip	α22/8000ip	α30/6000ip	α40/6000ip	α50/6000ip	α60/4500ip
代码	410	410 N4020 = 8000 N4023 = 94	411	412	413	414

注：有几种电动机代码相同（比如：α22/8000ip 等），需对两个参数（N4020，N4023）在初始化后手动修改。

数控系统 PMC 编程

任务一　数控系统 PMC 认知

【任务目标】

1) 了解数控机床 PMC 的概念及用途。
2) 掌握 PMC 程序结构。
3) 了解 PMC 处理的数据形式。
4) 掌握 PMC 输入/输出信号的处理过程。

【相关知识】

一、PMC 概要

1. PMC 定义

PMC（Programmable Machine Controller）就是利用内置在 CNC 的 PC（Programmable Controller）执行机床顺序控制（主轴旋转、换刀、机床操作面板控制等）的可编程机床控制器。顺序控制就是按照事先确定的顺序或逻辑对控制的每一个阶段依次进行的控制。用来对机床进行顺序控制的程序称为顺序程序。CNC 与 PMC 的关系如图 4-1-1 所示。

机床的动作分为两类：一类是实现最终对各坐标轴运动进行的"数字控制"，例如，对车床 X 轴和 Z 轴，铣床 X 轴、Y 轴、Z 轴的移动距离，各轴运行的插补、补偿等的控制；另一类为"顺序控制"，在数控机床运行过程中，以 CNC 内部和机床各行程开关、传感器、按钮、继电器等的开关量信号状态为条件，并按照预先规定的逻辑顺序对诸如主轴的起停、换向、换刀、工件松开夹紧、液压、冷却、润滑系统的运行等进行的控制。与"数字控制"相比，"顺序控制"的信息主要是开关量信号。

"顺序控制"部分主要由三部分构成。

① PMC。可编程控制器，通过 PMC 程序控制 NC 与机床接口的输入输出信号。

② I/O 接口电路。接收和发送机床输入输出信号或模拟信号，是 PMC 信号硬件输入输出的硬件载体。

③ 执行单元。包含电磁阀、继电器、接近开关、按钮等。

PMC 的基本配置如图 4-1-2 所示。

顺序程序按照规定的顺序执行读出输入信号进行运算并输出运算结果。

2. PMC 输入/输出信号及地址

PMC 输入/输出信号及地址如图 4-1-3 所示。

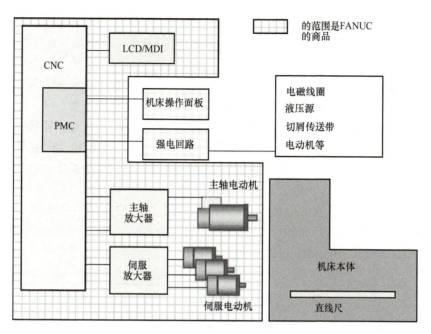

图 4-1-1　CNC 与 PMC 的关系

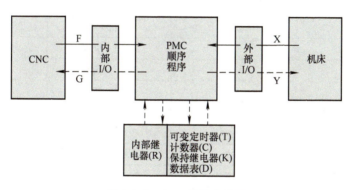

图 4-1-2　PMC 的基本配置

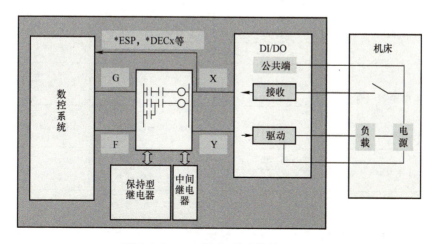

图 4-1-3　PMC 输入/输出信号及地址

X：来自机床侧的输入信号，如接近开关、极限开关、压力开关、操作按钮等输入信号元件。PMC 接收从机床侧各装置的输入信号，在梯形图中进行逻辑运算，作为机床动作的条件及对外围设备进行诊断的依据。

Y：由 PMC 输出到机床侧的信号。在 PMC 控制程序中，根据机床设计的要求，输出信号控制机床侧的电磁阀、接触器、信号灯等动作，满足机床运行的需要。

F：由控制伺服电动机与主轴电动机的系统部分侧输入到 PMC 信号，系统部分就是将伺服电动机和主轴电动机的状态，以及请求相关机床动作的信号（如移动中信号、位置检测信号、系统准备完成信号等），反馈到 PMC 中去进行逻辑运算，作为机床动作的条件及进行自诊断的依据，其地址从 F0 开始。

G：由 PMC 侧输出到系统部分的信号，对系统部分进行控制和信息反馈（如轴互锁信号、M 代码执行完毕信号等）其地址从 G0 开始。

PMC 内部继电器及 PMC 参数范围见表 4-1-1。

表 4-1-1　PMC 内部继电器及 PMC 参数范围

种类		机型	范围	备注
R	内部继电器（非保持）	SB7	R0000 ~ R7999	临时存储用
		SB6	R0000 ~ R2999	
		上述以外	R0000 ~ R1499	
		公用	R9000 ~	系统保留
E	扩展继电器	SB7	E0000 ~ E7999	临时存储用
A	信息显示（非保持）	SB7	A0000 ~ A0249	在 DISPB 命令上使用（部分机种为选择）
		SB6	A0000 ~ A0124	
		上述以外	A0000 ~ A0024	
		SB7	A9000 ~ A9249	信息显示
T	可变定时器（保持型）	SB7	T0000 ~ T499	在 1 个定时器上使用 2 字节
		SB6	T0000 ~ T0299	
		上述以外	T0000 ~ T0079	
C	计数器（保持型）	SB7	C0000 ~ C0399	在 1 个计数器上使用 4 字节
		SB6	C0000 ~ C0199	
		上述以外	C0000 ~ C0079	
K	保持型继电器（保持型）	SB6，SB7	K0000 ~ K0039 K0900 ~	K16 为系统保留
		上述以外	K0000 ~ K0019	K16 ~ K19 为系统保留
D	数据表（保持型）	SB6，SB7	D0000 ~ D7999	—
		上述以外	D0000 ~ D1859	—

说明：

1）定时器（T）、计数器（C）、保持型继电器（K）、数据表（D）在断电时要保持其中的值，称为 PMC 参数。

2）机床和 PMC 之间的接口信号（X 与 Y）除个别被 FANUC 公司定义，绝大多数地址可以由机床厂家设计人员分配和定义，所以对于 X、Y 地址的含义，必须参见机床厂提供的技术资料，但是 CNC 与 PMC 之间的接口信号（G 与 F）是 FANUC 公司已经定义好的，机床厂家在使用时只能根据 FANUC 公司提供的地址表"对号入座"，所以在需要时，查看地址表即可。图 4-1-4 所示的信号由 CNC 直接读取，所以不需要经过 PMC 处理，另外需要根据地址的分配决定连接线的端子号。前面带"＊"的信号为负逻辑信号，采用这种形式可使信号具有更高的可靠性。

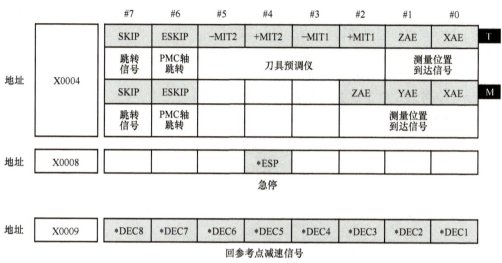

图 4-1-4 接口信号

二、PMC 顺序程序的运行

1. 顺序执行

普通继电器顺序控制电路的各个继电器在时间上可以完全同时动作。也即是说在图 4-1-5 中，如果继电器 A 动作了，那么继电器 D、E 就同时动作（B 和 C 的触点同时 OFF）。

但是，在 PMC 的顺序中，电路的每个继电器有顺序的动作。也就是说，如果继电器 A 动作了，那么首先继电器 D 开始动作，然后继电器 E 动作。也就是说，在 PMC 的顺序中，按照梯形图中说明的顺序（编程的顺序）进行动作。这个顺序程序性动作能够依次高速进行，有些指令会受到运行顺序的影响。因此图 4-1-6a、b 所示的两个图中的顺序程序和继电器回路的顺序明显不同。

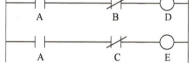

图 4-1-5 普通继电器顺序控制电路

2. 循环执行

顺序程序运行到梯形图的最后（程序结尾），再从梯形图的开头（程序的开始）反复执行。

从梯形图的开头运行到最后的时间（完成一个周期的时间）是顺序程序处理 1 次的时间，称为扫描周期。处理时间越少，顺序程序的响应越好。

3. 程序结构

PMC 程序结构如图 4-1-7 所示。

1) 一级程序：程序的开头到 END1 命令之间为第一级程序。系统每 4/8ms 执行一次扫描，主要是处理急停、超程、跳转、减速等信号。

2) 二级程序：END1 到 END2 命令之间的顺序程序为第二级内容。通常包括机床操作面板、ATC 等程序。

3) 子程序：将重复执行处理和模块化的程序作为子程序。子程序可以使程序结构模块化，便于调试和维修，也可以在某些功能的子程序不用时，减少循环处理时间。子程序写在 END2 和 END 之间，子程序顺序程序从 SP 命令开始到 SPE 命令结束，作为 1 组。可在第二级程序中使用条件调用命令 CALL 和无条件调用命令 CALLU 来调用子程序。

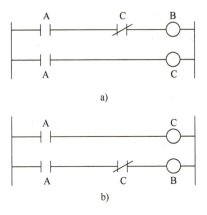

图 4-1-6 PMC 顺序程序

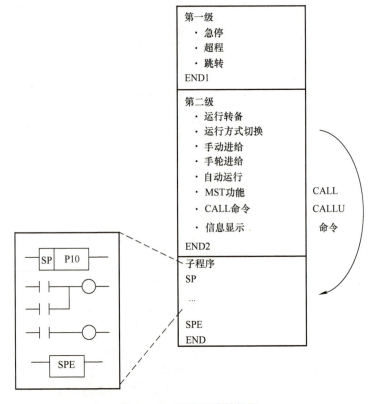

图 4-1-7 PMC 程序结构图

4) 扫描特点：在 PMC 程序中，使用的编程语言是梯形图（LADDER），对于 PMC 程序的执行，可以简单地总结为，从梯形图的开头由上到下，由左到右，到达梯形图结尾后再回到梯形图的开头，循环往复，顺序执行。

如图 4-1-8 所示，FANUC 程序结构中的一级程序和二级程序，其处理的优先级是不一样的。一级程序在每个 8ms 扫描周期时都先扫描执行，然后 8ms 当中 PMC 扫描的剩余时间再扫描二级程序，如果二级程序在一个8ms中不能完成扫描，它会被分割成 n 段来执行，在每个8ms执行中执行完一级程序的扫描后再顺序执行剩余的二级程序。因此，一级程序的长短也决定了二级程序的分割数，同时也就决定了整个程序循环处理周期。故一级程序编制尽量短，可以把需要快速响应的程序放到一级程序中。为了减少PMC循环处理周期时间，建议在保证程序的逻辑正确性前提下，减少一级程序的同时，可以采用子程序的结构处理，以减少循环处理时间。

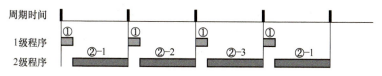

图 4-1-8　PMC 程序的运行顺序

扫描时间显示在PMC诊断（PMCDGN）的标题栏（TITLE）上。

4. 输入/输出信号的处理

来自CNC侧的输入信号（CNC的应答信号、M代码、T代码等）和机床侧的输入信号（操作面板、辅助设备的开关等）传送至PMC中处理。作为PMC的输出信号，有向CNC侧输出的信号（操作模式、进给方向等）和向机床侧的输出信号（刀架旋转、主轴停止等）。这些信号与PMC之间的关系如图4-1-9所示。

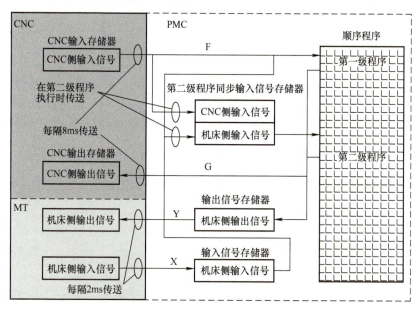

图 4-1-9　PMC 信号处理

（1）输入信号的处理　来自CNC侧的输入信号存放于CNC的输入存储器中，每隔8ms传送至PMC中，第一级程序直接引用这些信号的状态，执行相应的处理。

来自机床侧的输入信号自输入电路传送到输入信号存储器中。输入信号存储器每隔2ms扫描和存储机床侧的输入信号，PMC第一级程序中处理的信号取自此存储器。因此输入信号存储器中的信号状态与第一级的信号状态是同步的。

第二级程序同步输入信号存储器储存的信号由第二级程序处理,此存储器中的信号状态与第二级的信号状态是同步的。只有在开始执行第二级程序时,输入信号存储器中的信号和来自CNC侧的输入信号才会被传送到第二级程序同步输入信号存储器中。也就是说,在第二级程序执行过程中,此存储器中的信号状态保持不变。

(2) 输出信号处理　输出信号每隔8ms由PMC传送到CNC的输出存储器中。机床侧的输出信号(DI/DO卡)由PMC的输出信号存储器传送到机床侧。输出信号存储器由PMC程序设定。存储在输出信号存储器中的信号每隔2ms传送到机床侧。

由于在第一级程序处理时与信号的输入/输出是保持同步的,所以当输入信号在8ms内有变化时,可能造成输出有问题,可用中间继电器转换,如图4-1-10所示。

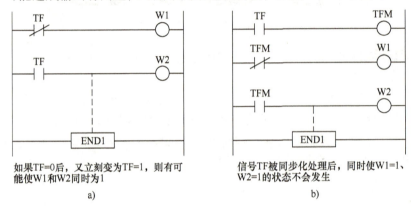

图4-1-10　中间继电器转换的输出信号处理

因为第二级程序使用的输入信号经同步输入信号存储器,所以相比第一级程序信号会有滞后,在最坏的情况下,可滞后一个二级程序的执行周期。图4-1-11中,A.M为短脉冲信号,在左半部分图梯形图中,当W1=1时,W2有可能不为1;而右半部分梯形图中,经时序处理后可保证在W1=1时,W2=1。

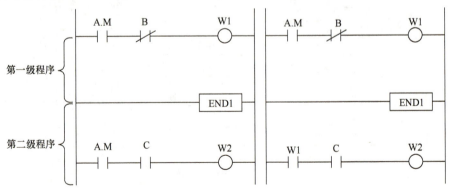

图4-1-11　第一、二级程序时序处理

三、PMC处理的数据形式

(1) 带符号二进制形式(Binary)　可进行1字节、2字节、4字节长的2进制处理。可使用的数值范围见表4-1-2。

表 4-1-2 数值范围表

数据长度	数据范围（10 进制换算）	备注
1 字节数据	-128 ~ +127	
2 字节数据	-32768 ~ +32767	
4 字节数据	-2147483648 ~ +2147483647	

多字节地址使用，以 R100 开始指定 4 字节长的区域时的地址和位的关系见表 4-1-3。

表 4-1-3 多字节地址使用示意表

地址	#7	#6	#5	#4	#3	#2	#1	#0
R100	27	26	25	24	23	22	21	20
R101	215	214	213	212	211	210	29	28
R102	223	222	221	220	219	218	217	216
R103	+	230	229	228	227	226	225	224

字节计算示例见表 4-1-4。

表 4-1-4 数的带符号二进制地址表达方式

10 进制数		100	-100	备注
二进制数	+R100	01100100	10011100	最高位为 1 时表示负数
	+R101	00000000	11111111	

（2）BCD 形式（二-十进制） 在 10 进制数的 BCD 码中，用 4 位的 2 进制数表示 10 进制数的各位。例如，10 进制数 10 用 BCD 形式表示如图 4-1-12 所示。

（3）位的形式（BIT） 处理 1 位信号和数据时，在地址之后指定小数点的位号。例如，X0001.2（地址 X0001 的位 2）。

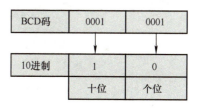

图 4-1-12 BCD 码的表达形式图

任务二 FANUC I/O 接口单元连接

【任务目标】

1）了解 FANUC 数控机床 I/O 接口的类型。
2）掌握 I/O Link 的连接及地址设定方法。

【相关知识】

一、FANUC I/O 接口单元

I/O 接口电路作为接收和发送机床信号的硬件载体，在顺序控制中是非常重要的中间环节。

常见的 I/O 硬件见表 4-2-1，可根据实际需要进行 I/O 硬件的选型。手摇脉冲器经由 I/O Link 进行连接，当选用手摇脉冲发生器时，请选择带有一个以上手摇脉冲发生器接口的 I/O 装置。通过对 I/O 点数量的统计，合理地进行 I/O 模块选择，满足机床的控制要求。在实际选型中，还需要考虑 Z 轴抱闸输出、冷却、润滑、气压检测、硬限位等输入/输出点，在综合考虑成本的前提下，尽量留有余量。

表 4-2-1　常见的 I/O 硬件

装置名	说明	手轮接口	信号点数输入/输出
0i 用 I/O 单元模块	常用的 I/O 模块	有	96/64
机床操作面板模块	装在机床操作面板上带有矩阵开关和 LED	有	96/64
操作盘 I/O 模块	带有机床操作盘接口的装置，0i 系统上常见	有	48/32
分线盘 I/O 模块	一种分散型的 I/O 模块，能适应机床强电电路输入/输出信号的任意组合的要求，由基本单元和最大三块扩展单元组成	有	96/64
FANUC I/O UNIT A/B	一种模块结构的 I/O 装置，能适应机床强电输入/输出任意组合的要求	无	最大 256/256

（续）

装置名	说明	手轮接口	信号点数输入/输出
I/O LINK 轴	使用 β 系列 SVU（带 I/O LINK）可以通过 PMC 外部信号来控制伺服电机进行定位	无	128/128

I/O 模块的电气特性如下。

（1）输入信号的连接　普通输入信号的连接有漏型和源型两种。安全规格上要求使用漏型（AC 输入型中没有漏型和源型的区别）。

1）漏型输入。接收器的输入侧有下拉电阻。开关的接点闭合时，电流将流入接收器。因为电流是流入的所以成为漏型（sink）型，如图 4-2-1 所示。

2）源型输入。接收器的输入侧有上拉电阻。开关的接点闭合时，电流将从接收器流出。因为电流是流出的所以成为源（source）型。漏型实际是灌电流型，源型是拉电流型，如图 4-2-2 所示。

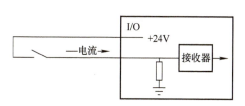

图 4-2-1　输入信号漏型连接

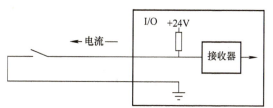

图 4-2-2　输入信号源型连接

（2）输出信号的连接

1）源型输出。把驱动负载的电源接在印制电路板的 DOCOM 上。PMC 接通输出信号（Y）时，印制电路板内的驱动回路即动作，输出端子有施加电压，输出信号源型连接如图 4-2-3 所示。

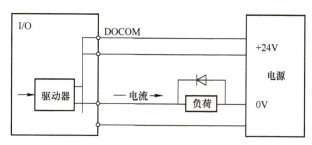

图 4-2-3　输出信号源型连接

2）漏型输出。PMC 接通输出信号（Y）时，印制电路板内的驱动回路即动作，输出端子变为 0V。因为电流是流入印制电路板的，所以称为漏型，输出信号漏型连接如图 4-2-4 所示。

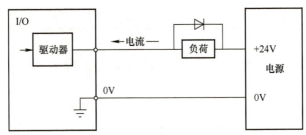

图 4-2-4 输出信号漏型连接

二、I/O Link 连接

FANUC PMC 由内装 PMC 软件、接口电路、外围设备（接近开关、电磁阀、压力开关等）构成。I/O Link 将 CNC 单元控制器、分布式 I/O、操作面板等连接起来，并在各个 I/O 设备间高速传送 I/O 信号，它是 FANUC 专用 I/O 总线。I/O Link 总线的连接方式如图 4-2-5 所示，FANUC I/O Link 的硬件连接非常简单，总是从系统的 JD1A（JD51A）引出，到下一个 JD1B，依次顺序连接直到完成所有 I/O 模块的连接，最后一组的 JD1A 开放。

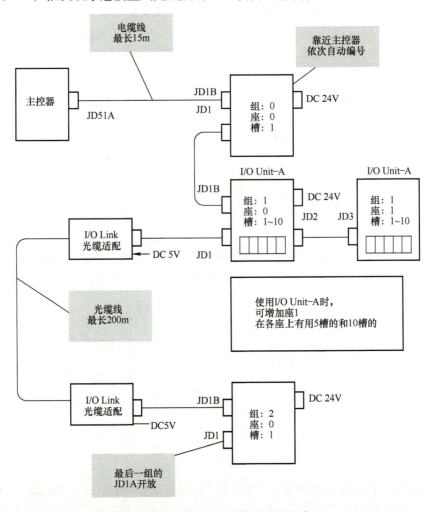

图 4-2-5 I/O Link 总线的连接方式

I/O Link 的电缆,从主控器到从控器,用数字链连接。连接顺序为从主装置的连接器 JD1A 到从控装置的连接器 JD1B。

1) I/O Link 每个通道的最大 I/O 点数,输入和输出都为 1024 点。

2) 各组最大 I/O 点数,输入和输出都为 256 点。

I/O 模块间通常采用电缆进行连接,当电缆长度 >15m 时要求使用光缆进行连接。但是对于连接光缆适配器两侧的 I/O Link 电缆,其内部接线与普通的 I/O Link 电缆有所区别。用于连接光缆适配器的 I/O Link 电缆其内部含有 5V 电源线,如连接错误会出现 ER97 IO LINK FAILUER 报警。由于 I/O Link 光缆适配器需要 5V 驱动电源(内部驱动,无需外接电源),所以与之相连的 I/O Link 电缆线与普通的 I/O Link 线相比要多出对应的一根内部电源线,如图 4-2-6 所示。

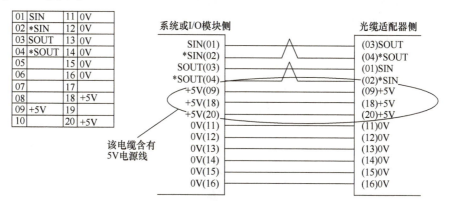

图 4-2-6　I/O Link 电缆线

I/O Link 接口 JD51A 可分为两个通道,此时需要增加一个 I/O Link 分线器。

注意:I/O Link 的第 2 通道为 0i – D 的系统选项功能,0i Mate – D 系列不可选,如图 4-2-7 所示。

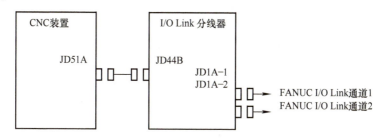

图 4-2-7　I/O Link 的第 2 通道连接

I/O Link 分线器之后的连接,和之前的 FANUC I/O Link 连接一样。

三、I/O 地址设定

由于各个 I/O 点、手轮脉冲信号都连接在 I/O Link 总线上,在 PMC 梯形图编辑之前都要进行 I/O 模块的设置,即地址分配。在 PMC 中进行模块分配,实质上就是要把硬件连接和软件上设定统一的地址(物理点和软件点的对应),如图 4-2-8 所示。设定步骤可分为以下几步:

（1）定义概念　为了地址分配的命名方便，将各 I/O 模块的连接定义出组（group）、基座（base）、槽（slot）的概念。

1）组（group）：系统和 I/O 单元之间通过 JD1A→JD1B 串行连接，离系统最近的单元称为第 0 组，依次类推。

2）基座（base）：使用 I/O UNIT – MODEL A 时，在同一组中可以连接扩展模块，因此在同一组中为区分其物理位置，定义主副单元分别为 0 基座、1 基座。

3）槽（slot）：在 I/O UNIT – MODEL A 时，在一个基座上可以安装 5～10 槽的 I/O 模块，从左至右依次定义其物理位置为 1 槽、2 槽。

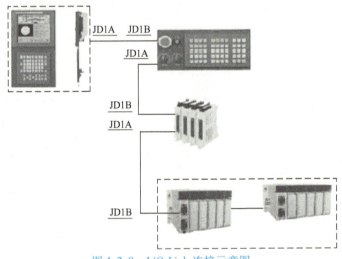

图 4-2-8　I/O Link 连接示意图

（2）设定画面　按下软键【PMC 配置】→【模块】，进入地址设定画面，按下【操作】即可进行删除、编辑等，如图 4-2-9 所示。

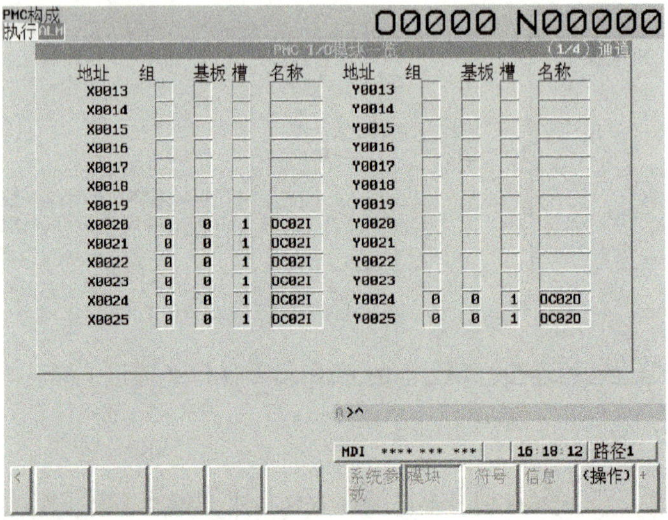

图 4-2-9　I/O 设定画面

（3）名称设定　I/O 点数的设定是按照字节数的大小通过命名来实现的，根据实际的硬件单元所具有的容量和要求进行设定。

输入设定见表 4-2-2。

表 4-2-2　I/O 单元的输入设定

OC01I	适用于通用 I/O 单元的名称设定，12 个字节的输入
OC02I	适用于通用 I/O 单元的名称设定，16 个字节的输入
OC03I	适用于通用 I/O 单元的名称设定，32 个字节的输入
/n	适用于通用、特殊 I/O 单元的名称设定，n（1~8）字节

输出设定见表 4-2-3。

表 4-2-3　I/O 单元的输出设定

OC01O	适用于通用 I/O 单元的名称设定，8 个字节的输出
OC02O	适用于通用 I/O 单元的名称设定，16 个字节的输出
OC03O	适用于通用 I/O 单元的名称设定，32 个字节的输出
/n	适用于通用、特殊 I/O 单元的名称设定，n（1~8）字节

（4）保存、重启　在模块分配地址完毕后，要保存到 F-ROM 中，然后使机床断电再上电，分配的地址才能生效。同时要注意使模块优先于系统上电，否则系统在上电时无法检测到该模块。

注意事项：

1）高速输入点的定义。在定义 I/O 模块的起始地址时，要考虑到所连接的机床侧输入信号中是否有高速输入信号，例如急停、原点开关等，若存在此类高速输入信号，则在进行相应的地址分配时，需要考虑硬件所连接的位置来考虑确定分配的首地址。

2）手轮的分配。手轮可连接在 I/O Link 总线上任一 I/O 模块上的 JA3 上，但是在模块分配上要注意连接手轮的模块分配字节的大小。

即连接手轮的模块必须为 16 个字节，且手轮连接在离系统最近的一个 16 字节（OC02I）大小的 I/O 模块的手轮接口 JA3 上。对于此 16 字节模块，$Xm+0→Xm+11$ 用于输入点，即使实际没有那么多输入点，为了连接手轮仍需进行 16 字节的分配。$Xm+12→Xm+14$ 用于三个手轮的输入信号，$Xm+15$ 用于手轮报警信号的传输。

在实际的连接过程中，有可能分配多个 16 字节大小的模块，如果同时连接了两个 I/O 模块，且两个模块均分配了 16 字节，如果按照以上的分配原则，手轮应连接于第一个 I/O 模块，如果连接于第二个 I/O 模块上，不进行地址的修改，手轮就不能正常使用。此时有 3 个解决办法：

① 改变硬件连接。将手轮连接在离系统最近的第一个分配为 16 字节的 I/O 模块上。

② 改变地址设定。通过地址分配过程中输入名称的更改，将连接手轮的模块设定为离系统最近的 16 字节的 I/O 模块上。

③ 参数设定。参数 NO.7105#1 设定为 1，按照参数 NO.12300~NO.12302 中的 X 信号地址分配。

手轮的连接如图 4-2-10 所示。

第一模块从 X0 分配 16 个字节，第二模块从 X20 分配 16 个字节，参数设置如下：

7105#1 设定为 1，12300 设定为 12，12301 设定为 33，12302 设定为 34。

许多 I/O 模块带有两个连接手轮的接口，分别为 JA3 和 JA58。不同之处是：JA3 为一可同时连接三个手轮的手轮接口，而 JA58 是仅有一个手轮接入信号，其余的信号用于通用的

I/O 点，如图 4-2-11 所示。

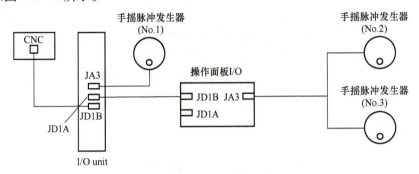

图 4-2-10　手轮的连接

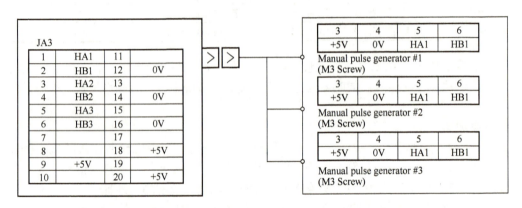

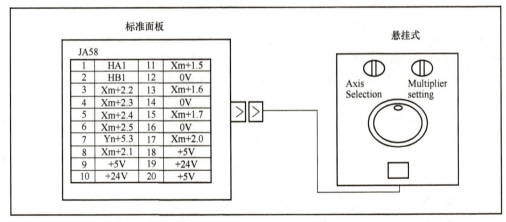

图 4-2-11　手轮接口

任务三　PMC 画面与操作

【任务目标】

1）了解 FANUC 数控系统 PMC 菜单结构。

2）掌握 FANUC 数控系统 PMC 画面操作方法。

3）掌握 FANUC 数控系统 PMC 参数设定方法。

【相关知识】

一、PMC 画面的基本配置

PMC 画面的基本配置如图 4-3-1 所示。

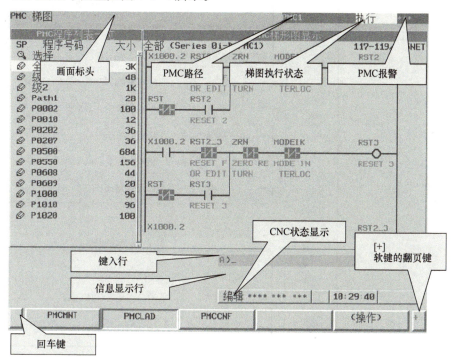

图 4-3-1　PMC 画面的基本配置

画面标头：显示 PMC 的各辅助菜单名。
梯图执行状态：显示梯图的执行状态。
PMC 报警：显示 PMC 报警的发生情况。
PMC 路径：显示当前所选的 PMC 路径。
键入行：用于数值和字符串输入的键入行。
信息显示行：显示错误信息和警告信息。
CNC 状态显示：显示 CNC 方式、CNC 程序的执行情况、当前的 CNC 路径号。
回车键：在从 PMC 的操作菜单切换到 PMC 的各辅助菜单，从 PMC 的各辅助菜单切换到 PMC 主菜单时操作回车键。
软键的翻页键：用于软键的页面切换。

在 CNC 系统中，按下功能键【SYSTEM】并用软键【+】翻动页面时，会出现 PMC 主菜单，如图 4-3-2 所示。下面对每个 PMC 辅助菜单的构成和用途进行说明。

1）PMC 维护菜单（PMCMNT）。显示 PMC 信号状态的监控、跟踪、PMC 数据显示/编辑等与 PMC 的维护相关的画面。

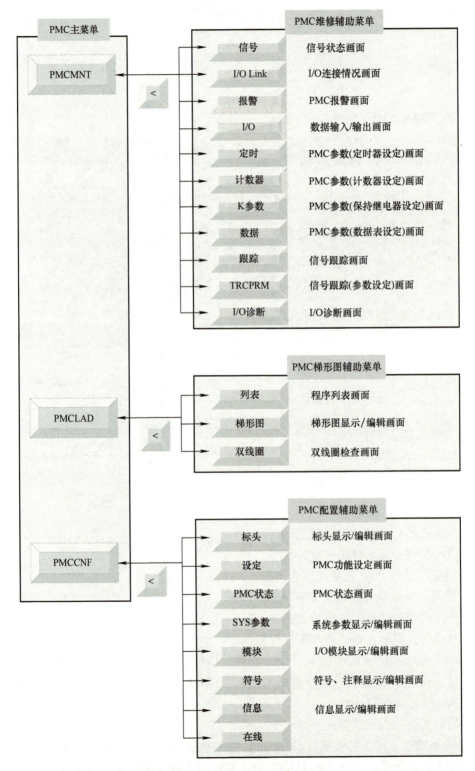

图 4-3-2 PMC 主菜单

2）PMC 梯形图菜单（PMCLAD）。显示与梯形图的显示/编辑相关的画面。

3）PMC 配置菜单（PMCCNF）。梯形图以外数据的显示/编辑、PMC 功能的设定画面。

各 PMC 画面由软键操作而变化，如图 4-3-3 所示。

在 PMC 的几个画面上，可以运用条件保护数据显示和操作。PMC 的保护功能包括两种：编程器保护功能和 8 级数据保护功能。在标准配置中，编程器保护功能有效。如果附加 8 级数据保护功能，编程器保护功能就会无效，8 级数据保护功能生效。

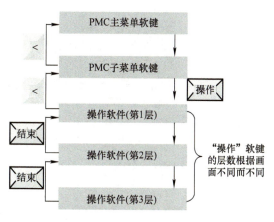

图 4-3-3　PMC 的软键变化图

二、PMC 的诊断和维护画面

在 PMC 维护菜单中，PMC 信号状态的监测、跟踪和 PMC 数据的显示/编辑等有关 PMC 维护的画面，如图 4-3-4 所示。

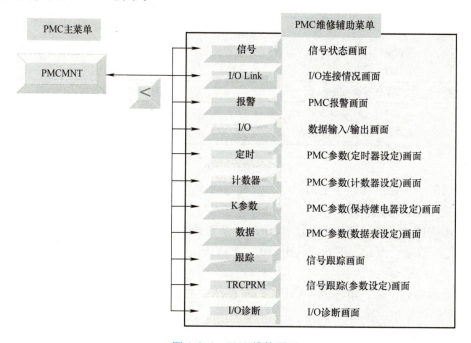

图 4-3-4　PMC 维护画面

"I/O Link""I/O""I/O 诊断"内容将在其他项目介绍。

1. 监控 PMC 的信号状态（【信号】画面）

在信号的状态画面上，显示程序中指定的所有地址的内容。地址的内容以位模式"0""1"显示，最右边每个字节以 16 进制数字或 10 进制数字显示，如图 4-3-5 所示。

画面下部的附加信息行中，显示光标所示地址的符号和注释。要改变信号的状态时，按下软键【强制】，转移到强制输入/输出画面，对任意的 PMC 地址的信号强制性的输入值。强制输入 X，不使用 I/O 设备就能调试顺序程序，强制输出 Y，不使用顺序程序就能有效地

FANUC 数控系统连接与调试实训

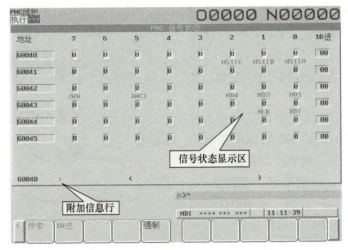

图 4-3-5 PMC 的信号状态画面

确认 I/O 设备侧的信号线路。有强制和自锁强制两种输入方式，根据用途不同区分使用，见表 4-3-1。

表 4-3-1 强制方式和自锁强制方式

机能	强制	自锁强制
强制能力	可强制信号 ON 或 OFF，但 PMC 程序如果使用此信号时，即恢复实际状态	可强制信号 ON 或 OFF，即使 PMC 使用此信号，也维持强制状态
使用范围	适用于所有信号地址	只适用于 X/Y 信号地址
备注	分配过的 X/Y 信号不能使用此功能。"内置编程器功能"有效时可以使用	"内置编程器功能"有效、PMC 设定参数有效可以使用

注意：

使用强制输入输出功能变更信号时，需要特别注意。强制输入输出功能的使用方法不恰当时，机械可能进行意料外的动作。机械附近有人时，请不要使用此功能。倍率有效功能是用于梯形图调试的功能。因此在出厂设定时，请更改为倍率无效。在电源中断时，倍率的 I/O 信号值被清除。因此，重新投入电源时，X/Y 地址的全部位进入倍率解除状态。

2. PMC 的报警画面

关于显示内容信息，请参考 FANUC PMC 使用说明书中的 PMC 报警信息一览表。

3. PMC 参数的设定与显示

可以在画面上设定及显示 PMC 参数（定时器、计数器、保持继电器、数据表）。另外，可以在各个画面上连续输入数据。

4. 设定和显示可变定时器

PMC 的定时器设定画面如图 4-3-6 所示。

按下软键【转换】可显示定时器注释。

按下软键【精度】可更改定时器精度。可以根据实际的情况灵活选择定时器的精度，初始状态下，1~8 号定时器精度是 48ms，9 号以后的定时器精度是 8ms。

5. 显示和设定计数器值

在计数器设定画面设定计数最大值和当前值，如图 4-3-7 所示。按下转换可以显示带有

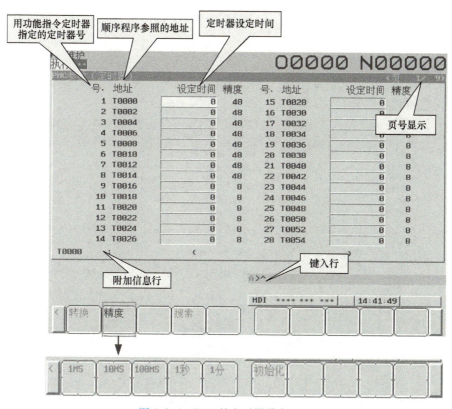

图 4-3-6　PMC 的定时器设定画面

注释的计数器画面，方便查询。设定值和当前值的设定数据均为两个字节的长度。例如，设定值存储在 C0、C1 中，当前值存储在 C0～C3 中。

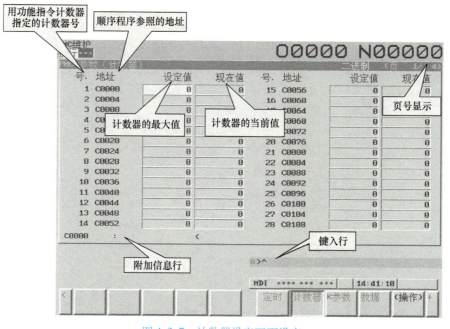

图 4-3-7　计数器设定画面设定

115

计数器内部的数据形式分为二进制与 BCD 两种，在 PMC 系统参数的设定画面下进行选择，标准设定为二进制形式。

6. 设定和显示保持继电器

保持型继电器为非易失性存储器，所以即使切断电源，其存储内容也不会丢失。设定和显示保持继电器画面如图 4-3-8 所示。

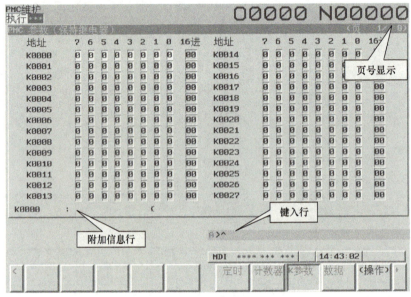

图 4-3-8　设定和显示保持继电器画面

7. 设定和显示数据表

设定和显示数据表画面如图 4-3-9 所示。

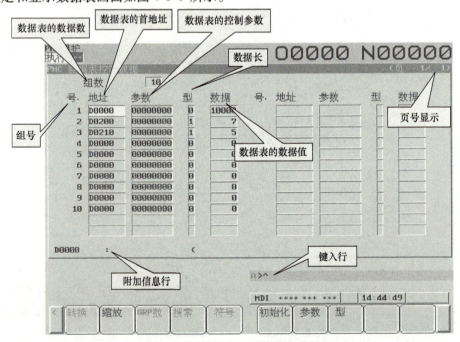

图 4-3-9　设定和显示数据表画面

数据表的控制参数含义如图 4-3-10 所示。

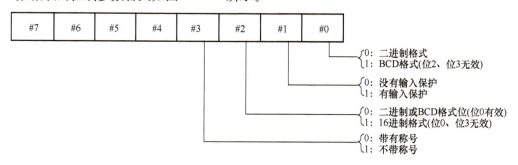

图 4-3-10　数据表的控制参数含义

8. 跟踪显示 PMC 的信号状态

PMC 的扫描时间较快，很多信号的变化无法通过肉眼观察得到，采用信号跟踪的方法可以记录变化状态的信号变化方式，显示随时间变化的周期以及与其他信号变化的时序关系。跟踪设定画面如图 4-3-11 所示。

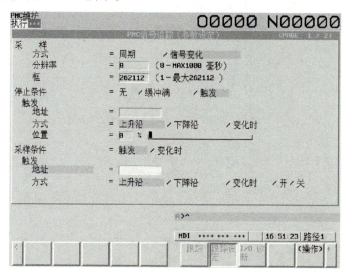

图 4-3-11　跟踪设定画面

（1）采样－"方式"

1）周期：以设定的周期采样信号。

2）信号变化：以设定的周期监视信号，在信号发生变化时采样。

（2）采样－"分辨率"　设定采样的分辨率。默认值为最小采样分辨率（毫秒），但是，此值随 CNC 而不同。输入值为最小采样分辨率的倍数。

（3）停止条件　设定跟踪的停止条件。

1）无：不会自动停止。

2）缓冲满：采样缓冲满时自动停止。

3）触发：通过触发自动停止。

采样的地址设定在采样参数设定的第二页画面，按位地址设定将要采样的信号地址。

三、梯形图的监控和编辑画面【PMCLAD】

梯形图的监控和编辑画面如图 4-3-12 所示。

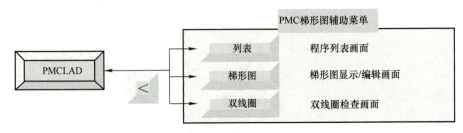

图 4-3-12 梯形图的监控和编辑画面

【列表】显示程序列表画面，如图 4-3-13 所示。

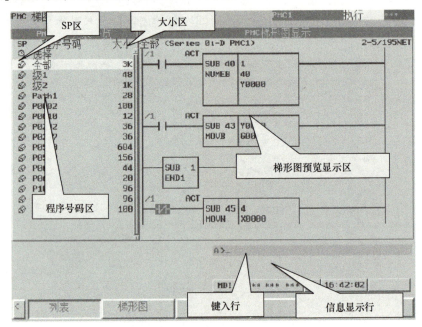

图 4-3-13 列表显示程序列表画面

【梯形图】用于显示及编辑梯形图画面，各菜单操作如图 4-3-14 所示。

四、PMC 构成数据的设定画面【PMCCNF】

PMC 构成数据的设定画面【PMCCNF】如图 4-3-15 所示。

1. 标头数据的编辑和显示（【标头】画面）

定义顺序程序的名称、PMC 的版本号、相关的机械厂家信息，如图 4-3-16 所示。

2. 符号 & 注释数据的显示和编辑（【符号】画面）

通过设定地址的符号和注释，在观察顺序程序和信号诊断时，了解地址的含义，便于分析程序，其显示和编辑画面如图 4-3-17 所示。

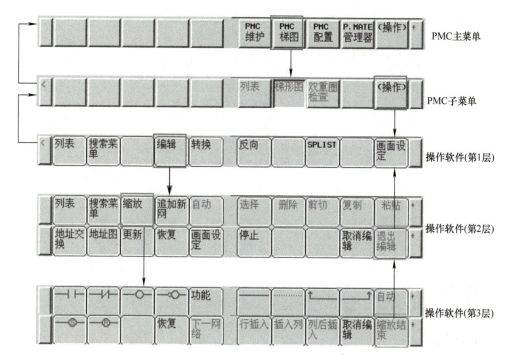

图 4-3-14　梯形图显示及编辑菜单操作画面

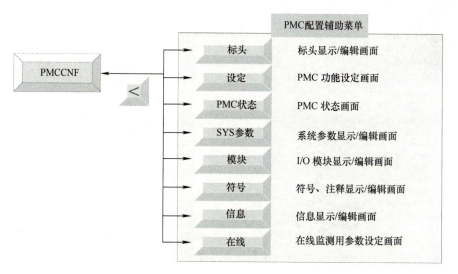

图 4-3-15　PMC 构成数据的设定画面

符号：显示 PMC 地址中设定的符号。当相对于子程序的局部符号时，以"程序名．符号"的形式显示。

注释：显示 PMC 地址中设定的注释。1 个地址中设定了多个注释时，能够使用软件切换显示。

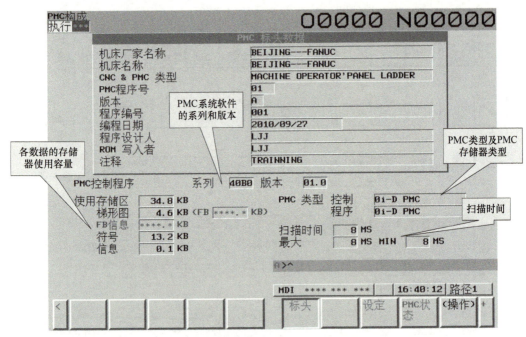

图 4-3-16　机械厂家信息设定画面

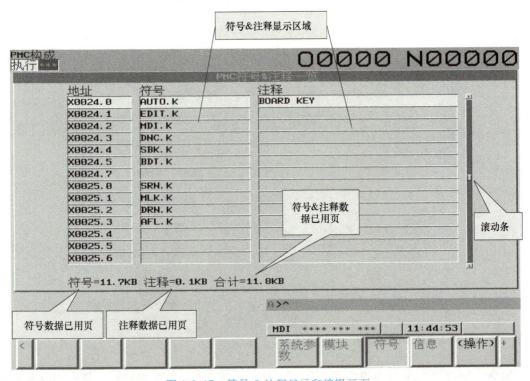

图 4-3-17　符号 & 注释显示和编辑画面

3. 信息数据的显示和编辑（【信息】画面）

在信息数据显示画面，能通过功能指令 DISPB 确认输出 CNC 画面的外部信息数据的内容，如图 4-3-18 所示。

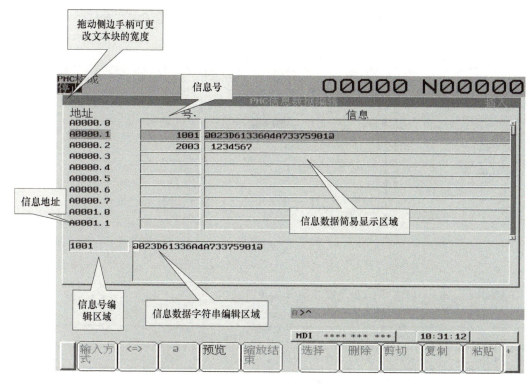

图 4-3-18　信息数据的显示和编辑画面

4. PMC 的状态显示

在 PMC 的状态显示中，显示标头信息、梯形图执行性能监测、梯形图的当前执行时间、标头数据的顺序程序号和版本、报警发生标记。

梯形图执行性能监测的监测栏上显示 1 级和 2 级的梯形程序的执行比例。

在机械运行过程中，如果停止顺序程序的运行，机械就可能发生无法预料的动作。停止顺序程序时，先要确认机械附近没有人，并在确认刀具和工件、机械不冲撞之后再进行。这些操作发生错误时，可能导致严重事故，而且刀具、工件和机械可能发生破损。

任务四　FANUC Ladder – Ⅲ 软件的使用

【任务目标】

1）了解 FANUC Ladder – Ⅲ 软件菜单结构。
2）掌握利用 FANUC Ladder – Ⅲ 软件编程方法。
3）掌握 FANUC Ladder – Ⅲ 软件在线功能使用方法。

【相关知识】

一、FANUC Ladder – Ⅲ 的窗口与功能

FANUC Ladder – Ⅲ 的窗口显示画面如图 4-4-1 所示。

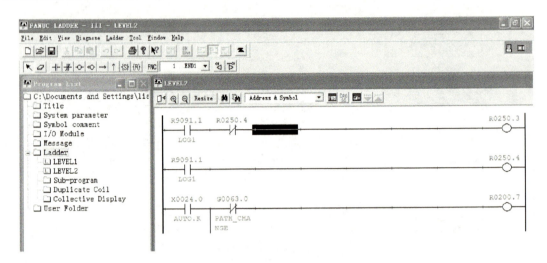

图 4-4-1　FANUC Ladder – Ⅲ的窗口显示画面

FANUC Ladder – Ⅲ主菜单及功能见表4-4-1。

表 4-4-1　FANUC Ladder – Ⅲ主菜单及功能

主菜单	主要功能
文件	进行程序的制作，与存储卡和软盘间的数据输入输出、程序的打印等
编辑	进行编辑操作、检索、跳转等
显示	切换工具栏和软键的显示与不显示
诊断	显示PMC信号状态、PMC参数、信号扫描等的诊断画面
梯形图	进行在线/离线的切换、监视/编辑的切换
工具	进行助记形式变换、与FAPT LADDER – Ⅲ的文件变换、编译、与PMC的通信等
窗口	进行操作窗口的选择、窗口的排列
帮助	显示主题的检索、帮助、版本信息

在LAD文件中储存了所有数据，见表4-4-2。

表 4-4-2　LAD文件中的数据

分类	种类	备注
	系统参数	设定计数器的数值形式等
	标题数据	设定顺序程序的名称和版号等
	符号/注释	信号名和说明
源程序	信息数据	信息字符串
	I/O分配数据	I/O Link分配数据
	I/O分配注释	I/O分配的注释
	顺序程序	程序本体
	网格注释	程序上附加的注释
目标码	存储卡形式数据	

FANUC Ladder – Ⅲ有离线方式和在线方式两种类型，各自功能见表4-4-3。

表 4-4-3 离线方式和在线方式功能

离线功能	顺序程序的制作和编辑
	顺序程序 PMC 的传送
	顺序程序的打印
在线功能	顺序程序的监视
	顺序程序的在线编辑
	诊断功能（信号状态显示，扫描，报警显示等）
	写入 F – ROM

将 CNC 与 PC 连接起来，可以在线进行基于 FANUC LADDER – Ⅲ 的梯图程序维护。FANUC 0i – D 系列中的 0i – MD/0i – TD 系统都标准装配有支持 100Mbps 的内嵌式以太网，而 0i – Mate MD 和 0i – Mate TD 只标配 PCMCIA 网卡，PCMCIA 网卡和内嵌式以太网相比，功能接近，只是不支持 FANUC 程序传输软件。

在线方式时，如果 PC 侧和 PMC 侧的顺序程序不一致，就不能进行编辑和或监视。这时，需要进行顺序程序的装入和存储的操作，以使 PC 与 PMC 的顺序过程一致。

二、顺序程序的制作和编辑（离线功能）

选择 Window 下拉菜单中的 Program List，显示程序清单对话框，如图 4-4-2 所示。

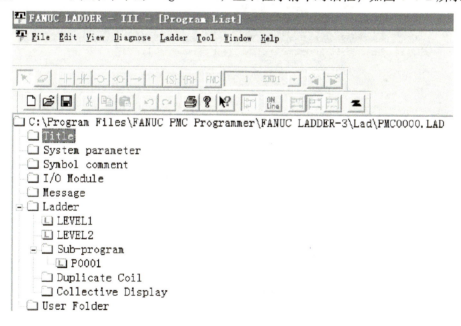

图 4-4-2　程序清单对话框

在程序清单中双击"Title"，显示编辑标题对话框，根据实际需要在每项对应位置输入信息，如图 4-4-3 所示。

在程序清单中双击"System Parameter"，显示设定系统参数对话框。从"二进制"和"BCD"中选择"计数器的数据形式"，如图 4-4-4 所示。

FANUC数控系统连接与调试实训

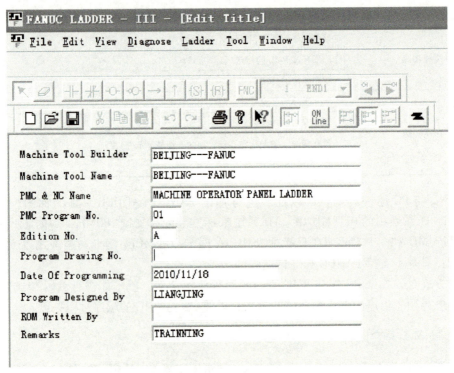

图 4-4-3 编辑标题对话框

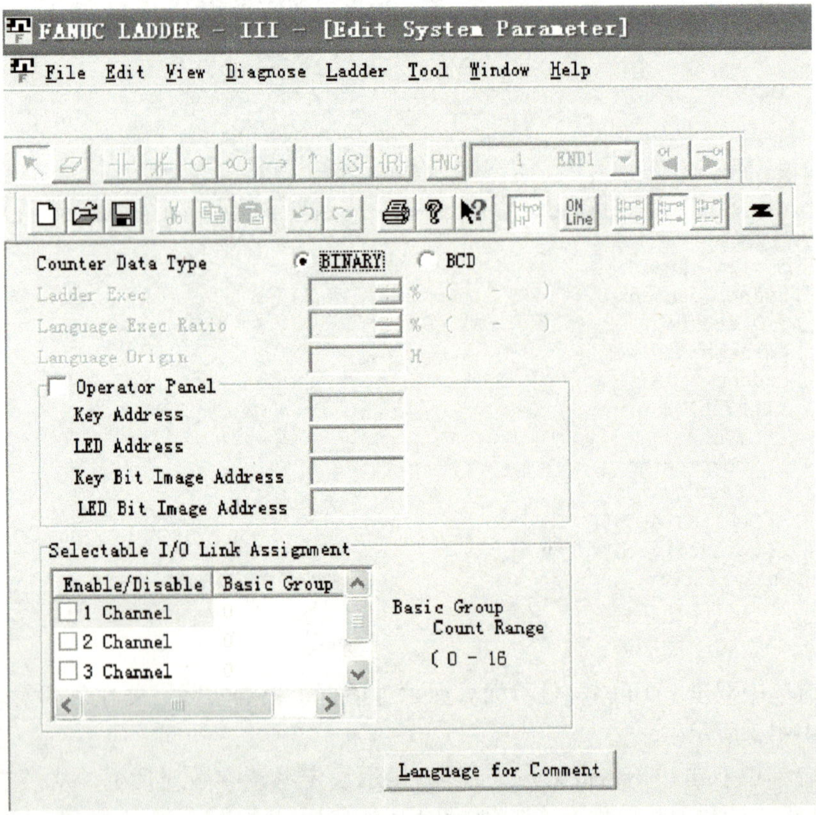

图 4-4-4 设定系统参数对话框

在程序清单中双击"Symbol Comment",显示符号标注对话框,如图 4-4-5 所示。左边的列表按照地址类分开,方便查看。

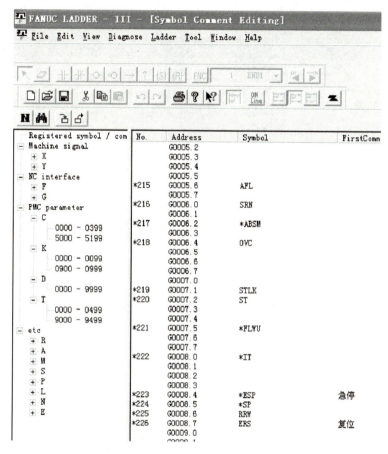

图 4-4-5　符号标注对话框

单击 **N**,显示符号的新登录对话框,如图 4-4-6 所示。在该对话框中可以分别输入"地址""符号""继电器注释""线圈注释",完成后单击"OK"即可。

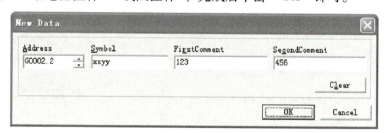

图 4-4-6　符号的新登录对话框

也可以直接在某一地址后面需要注释的地方双击,输入字符。

在程序清单中双击"I/O Module",显示编辑 I/O 模块的对话框,如图 4-4-7 所示。

选中分配首地址,双击显示"设定模块"对话框。在对应的位置填写"组""座""槽""内容",完成地址分配,如图 4-4-8 所示。

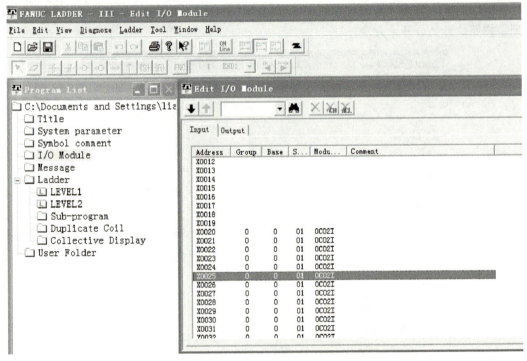

图 4-4-7　编辑 I/O 模块的对话框

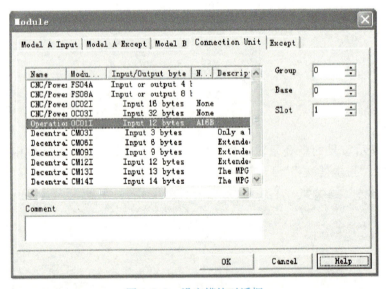

图 4-4-8　设定模块对话框

三、顺序程序的监视（在线功能）

FANUC 的以太网功能主要通过 TCP/IP 协议实现，使用的时候在 CNC 系统上只需设定 CNC 的 IP、TCP 和 UDP 端口等信息即可。CNC 端的设定如下。

1）按软键【系统】，再按扩展键若干次，按软键【内藏口】进入以太网参数画面，如图 4-4-9 所示。

进入以太网设定画面后,再按【操作】,出现软键【再启动】【内嵌/PCMCIA】。按软键【内嵌/PCMCIA】,选择内置板(内嵌网口),再按【再启动】→【执行】。然后按软键【公共】,可根据实际情况设定 CNC 的 IP 地址,或使用推荐值 192.168.1.1。按软键【FOCAS2】,进入设定内嵌网板画面,如图 4-4-10 所示。

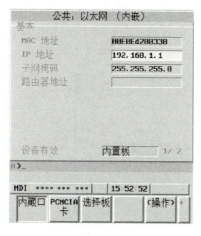
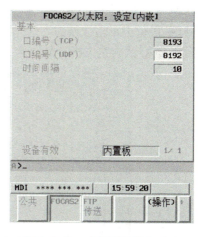

图 4-4-9　以太网参数设定画面　　　　　　图 4-4-10　内嵌网板设定画面

设定 TCP 和 UDP 端口以及时间间隔,通常 TCP 端口为 8193,UDP 端口为 8192,时间间隔根据实际需要设定,一般来说设定 10s 即可。

完成了以上设定后,系统侧的设定就完成了。如需要使用远程诊断功能,继续翻页并根据系统提示设定即可。

2) 设定 PMC 功能下的在线功能。在 PMC 配置画面,按 在线 软键,进行在线设定,如图 4-4-11 所示。

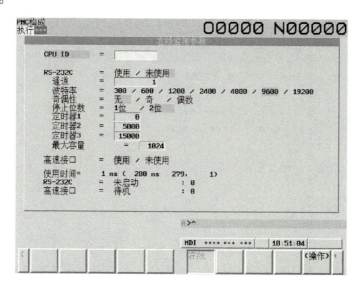

图 4-4-11　在线设定画面

在线设定需要进行高速接口通信方式的选择。

PC 侧的 IP 地址与 CNC 侧的 IP 地址设定一致，其规则为：前三位必须一致，例如 192.168.1.2，CNC 侧的为 192.168.1.1，但是最后一位必须不同。子网掩码的设定 PC 与 CNC 的设定必须一致，具体的数值在 PC 侧可以自动生成。

打开 FANUC – Ladder Ⅲ 软件。选择 Tool 下拉菜单中的 Communication 选项。选择 Network Address 进行主机地址添加。选择 Add Host 弹出 Host Setting Dialog 对话框输入 CNC 的 IP 地址，将 CNC 认为是主机，如图 4-4-12 所示。

图 4-4-12　Host 设定对话框

输入完成后，CNC 的 IP 地址将出现在 Network Address 中，如图 4-4-13 所示。

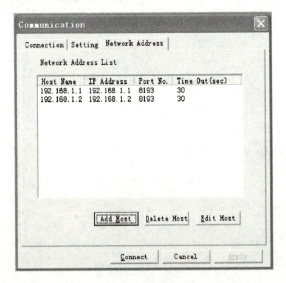

图 4-4-13　IP 地址列表

选择 Tool 下拉菜单中的 Communication 选项，选择 Setting 进行地址配置，如图 4-4-14 所示。

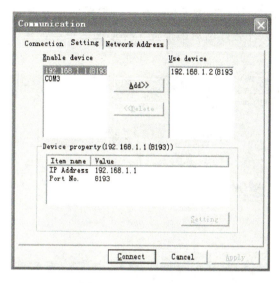

图 4-4-14　IP 地址设定

将 Enable device 中的主机 IP 地址（CNC 端的 IP 地址）选中。单击 Add 添加到 Use device 中，然后单击 Connect，即可显示 PC 与 CNC 的连接过程，如图 4-4-15 所示。

图 4-4-15　PC 与 CNC 的连接过程

连接完成后，单击"Close"会进入到梯形图画面（如果是首次进行在线编辑，会有下载 PMC 提示对话框出现，根据实际需要进行选择）。在显示的梯形图画面中即可在线显示梯形图的当前状态，同时可以在线监视梯形图的运行状态，但是在该状态下无法进行梯形图的修改，如果需要进行梯形图的修改，需要进行模式改变。

选择 Ladder 下拉菜单，在 Ladder Mode 中可以看到当前的状态为 Monitor 状态，如图 4-4-16 所示。进行编辑需要更改为 Editor 状态。编辑方法同离线编辑一样，编辑结束后重新改为 Monitor 状态，软件会弹出对话框提示梯形图已更新，是否将更新写入到 CNC 中，如图 4-4-17 所示。

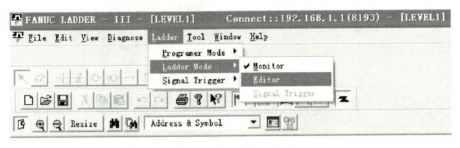

图 4-4-16　Ladder 工作方式

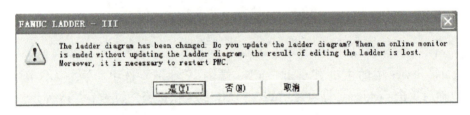

图 4-4-17　梯形图更新写入对话框

根据需要选择是否将更新写入到 CNC 中。如单击"是"软件会再次弹出确认对话框，如图 4-4-18 所示。

单击"OK"完成梯形图的在线修改。

梯形图在编辑结束以后必须进行固化操作，才能确保断电后梯形图不丢失。

在 CNC 侧，在 Online 状态下不能对梯形图进行修改。

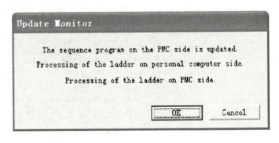

图 4-4-18　PMC 更新确认对话框

四、PMC 程序（梯形图）的保存

进入 PMC 画面以后，按软键【I/O】，显示顺序程序保存画面，如图 4-4-19 所示。

按照上述每项设定，按【执行】，则 PMC 梯形图以名称"PMC1_LAD.001"保存到存储卡上。

如果需要保存 PMC 参数，可在进入 PMC 画面以后，按软键【I/O】，即显示 PMC 参数写画面，如图 4-4-20 所示。

按照上述每项设定，按【执行】，则 PMC 参数以名称"PMC1_PRM.000"保存到存储卡上。

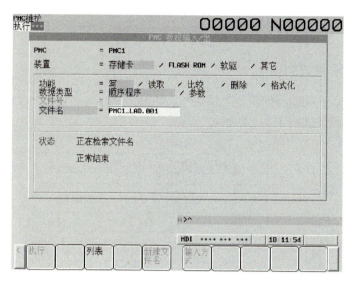

图 4-4-19　顺序程序保存画面

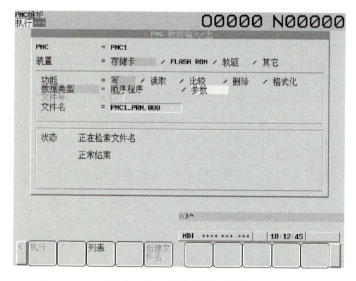

图 4-4-20　PMC 参数写画面

任务五　数控系统典型控制功能 PMC 编程

【任务目标】

1）了解数控机床的典型控制功能。
2）掌握数控机床操作面板控制功能的 PMC 编程方法。
3）掌握数控机床典型控制功能的 PMC 编程方法。

【相关知识】

一、第一级程序的处理

建议急停信号、各轴超程信号、互锁信号、测量信号等要求快速处理的信号在第一级程序处理。这些信号地址如图 4-5-1 所示。

	7	6	5	4	3	2	1	0	
X004			−MIT2	+MIT2	−MIT1	+MIT1			T系
X008				*ESP					
G114				+L4	+L3	+L2	+L1		
G116				−L4	−L3	−L2	−L1		
G130	*IT8	*IT7	*IT6	*IT5	*IT4	*IT3	*IT2	*IT1	
G132				+MIT4	+MIT3	+MIT2	+MIT1		M系
G134				−MIT4	−MIT3	−MIT2	−MIT1		M系
G007						STLK			T系
G008				*ESP				*IT	

图 4-5-1 第一级程序处理信号

急停信号：输入信号 *X8.4、PMC 信号 *G8.4。
超程信号：正向超程 *G114.1 ~ *G114.3、负向超程 *G116.1 ~ *G116.3。
全轴互锁信号：*G8.0。
各轴互锁信号：*G130.1 ~ *G130.7。
正方向各轴互锁信号：G132.0 ~ G132.3。
负方向各轴互锁信号：G134.0 ~ G134.3。
启动锁住信号（T系）：G7.1。该信号为 1 时，自动运转被锁住，运转中的轴减速停止。

相关参数：

		#7	#6	#5	#4	#3	#2	#1	#0
PARAM	3003					DIT	ITX		ITL

#3（DIT） 0：轴方向分别互锁信号（±MIT）有效。
　　　　　1：轴方向分别互锁信号（±MIT）无效。
#2（ITX） 0：各轴互锁信号（*ITa）有效。
　　　　　1：各轴互锁信号（*ITa）无效。
#0（ITL） 0：互锁信号（*IT）有效。
　　　　　1：互锁信号（*IT）无效。

项目四　数控系统 PMC 编程

	#7	#6	#5	#4	#3	#2	#1	#0
PARAM 3004			OTH					

#5（OTH）0：超程限位有效。

　　　　　1：超程限位无效。

二、数控机床操作面板功能的实现

数控系统操作模式的建立由 G43 完成，工作方式见表 4-5-1。

G43 参数：

	7	6	5	4	3	2	1	0
G43	ZRN		DNCI			MD3	MD2	MD1

表 4-5-1　工作方式

ZRN	DNCI	MD3	MD2	MD1	方式	输出信号	画面显示
—	—	0	1	1	存储器编辑（EDIT）	MEDI	EDT
—	0	0	0	1	自动运转（MEM）	MMEM	MEM
—	1	0	0	1	远程运转（RMT）	MRMT	RMT
—	—	0	0	0	手动数据输入（MDI）	MMDI	MDI
—	—	1	0	0	手轮/增量进给	MH/MINC	HND/INC
0	—	1	0	1	手动连续进给（JOG）	MJ	JOG
1	—	1	0	1	回参考点（REF）	MREF	REF
—	—	1	1	1	TEACH IN HANDLE	MTCHIN + MH	THND
—	—	1	1	0	TEACH IN JOG	MTCHIN + MJ	TJOG

注："—"表示无关（"0""1"都无效）。

手轮/增量参数：

	#7	#6	#5	#4	#3	#2	#1	#0
PARAM 8131								HPG

#0（HPG）0：手轮进给不使用。

　　　　　1：手轮进给使用。

当 HPG 设定 1 时，CNC 模式显示为手轮模式；当 HPG 设定 0 时，CNC 显示为增量模式。

	#7	#6	#5	#4	#3	#2	#1	#0
PARAM 7100								JHD

#0（JHD）0：在手动方式下，手轮进给或增量进给无效。

　　　　　1：在手动方式下，手轮进给或增量进给有效。

（1）速度的建立　手动方式速度等于参数设定值与手动进给倍率（G10、G11）的乘积。

G10	*JV7	*JV6	*JV5	*JV4	*JV3	*JV2	*JV1	*JV0
G11	*JV15	*JV14	*JV13	*JV12	*JV11	*JV10	*JV9	*JV8

手动方式速度的参数：

| PARAM | 1423 | 各轴的手动连续进给速度 | (mm/min) |

快速方式速度等于参数设定值与快速倍率 ROV1、ROV2（G14.0、G14.1）的乘积。

快速方式速度的参数：

	#7	#6	#5	#4	#3	#2	#1	#0
PARAM 1401								RPD

#0（RPD）0：接通电源后，在回参考点前，手动快速无效。
　　　　　1：接通电源后，在回参考点前，手动快速有效。

| PARAM | 1420 | 各轴的快速移动速度 | (mm/min) |

该速度也是 G00 的速度。

| PARAM | 1424 | 各轴的手动快速移动速度 | (mm/min) |

当设定值为 0 时，速度为 PARAM1420 的值。

| PARAM | 1421 | 各轴的快速移动倍率的FO速度 | (mm/min) |

回参考点的速度：

						JZR		RPD	T
PARAM 1401								RPD	M

#2（JZR）0：用快速移动回参考点。
　　　　　1：用手动连续进给回参考点。

| PARAM | 1424 | 各轴的手动快速移动速度 | (mm/min) |

当设定值为 0 时，速度为 PARAM1420 的值。

| PARAM | 1425 | 各轴回参考点的FL速度 | (mm/min) |

碰到挡块后的减速速度设定值的大小，要保证所产生的误差计数器值大于 PARAM1836 中设定值，以保证正确检测到电动机 Z 相。

自动方式的速度等于参数设定值与切削倍率的乘积。

| PARAM | 1422 | 最大切削进给速度(所有轴通用) | (mm/min) |

| PARAM | 1430 | 各轴最大切削进给速度 | (mm/min) |

PARAM1430 仅在直线插补、圆弧插补时有效。在极坐标插补和圆柱插补时，即使指定了 PARAM1430 的值也会被 PARAM1422 钳制。

相关功能指令：二进制代码转换 CODB 指令如图 4-5-2 所示。

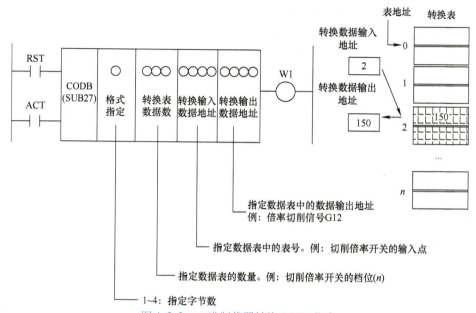

图 4-5-2 二进制代码转换 CODB 指令

切削倍率

G12	#7 *FV8	#6 *FV7	#5 *FV6	#4 *FV5	#3 *FV4	#2 *FV3	#1 *FV2	#0 *FV1	设定值
0%	1	1	1	1	1	1	1	1	0
10%	1	1	1	1	0	1	0	1	−11
20%	1	1	1	0	1	0	1	1	−21
30%	1	1	1	0	0	0	0	1	−31
…									…
130%	0	1	1	1	1	1	0	1	125
140%	0	1	1	1	0	0	1	1	115

(2) 手动轴选 在手动方式、增量方式、回零方式下选择相应轴的进给方向，当信号为"1"时轴开始运动。在选通方式接通前接通该信号是无效的。

G100	+J8	+J7	+J6	+J5	+J4	+J3	+J2	+J1
G102	−J8	−J7	−J6	−J5	−J4	−J3	−J2	−J1

(3) 自动方式下的启动/停止

G007					ST			
G008			*SP					

135

ST：循环启动信号。此信号为下降沿有效。

*SP：循环暂停信号。程序运行时保持为"1"。

FOOO	OP		STL	SPL				

OP：自动运转信号。

STL：自动运转中启动信号。

SPL：自动运转中停止信号。

系统状态见表4-5-2。

表4-5-2 系统状态表

状态	OP	STL	SPL
复位状态	0	0	0
自动运转状态	1	1	0
自动运转暂停状态	1	0	1
自动运转停止状态	1	0	0

实现数控机床操作面板功能，需编写PMC程序，一般按下面步骤完成。

1）首先确定急停方式X8.4和G8.4。

2）确定工作模式。数控机床工作模式分为自动模式和手动模式。自动模式包括存储器运行模式、MDI模式、编辑模式和远程操作模式。手动模式包括手动连续模式（JOG）、手动快速模式（RT）、参考点返回模式和手轮模式/增量模式。

3）确定速度倍率。

自动模式：G00速度（No.1420）和快速倍率（G14.0，G14.1），进给速度（No 1422）和进给倍率（G12）。

手动模式：手动速度（No.1423）和手动倍率（G10，G11），手动快速（No.1424）和快速倍率（G14.0，G14.1），参考点速度（No.1424，No.1420）和减速速度（No.1425），手轮倍率（G19.4，G19.5）和增量倍率（No.7113，No.7114）。

4）确定轴选信号。

JOG、RT、REF、增量模式下：+正方向（G100.1~G100.8）、-负方向（G102.1~G102.8）。

手轮轴选：（G18.0~G18.3）、（G18.4~18.7）。

5）自动模式下的循环启动和进给暂停信号处理。启动信号G7.2及暂停信号G8.5处理，循环启动信号下降沿有效，进给暂停信号低电平有效。

6）S、M、T功能的处理。

① S功能的处理。S触发信号F7.3、S代码（F22~F25）、S指令（F36.0~F37.3）、SAR主轴速度到达。

② M功能的处理。M03主轴正转、M04主轴反转、M05主轴停止、M19主轴定向等。

③ T功能的处理。刀具号。

7）互锁的处理。

8）报警和操作信息的处理。

三、数控系统典型功能的PMC编程

1）SBK单步运行的PMC程序，如图4-5-3所示。

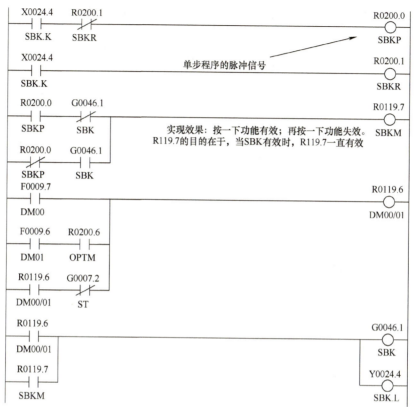

图 4-5-3　SBK 单步运行的 PMC 程序

R200.6：任选程序段跳过有效信号。

M00：程序停止。当包含 M00 的程序段执行之后，自动运行停止。当程序停止时，所有存在的模态信息保持不变。用循环启动可使自动运行重新开始。

M01：选择停止。与 M00 类似，在包含 M01 的程序段执行以后，自动运行停止。只有当机床操作面板上的任选停机开关置 1 时，此代码才有效。

DM00（F 9#7）、DM01（F 9#6）、DM02（F 9#5）、DM03（F 9#4）分别对应指定的特殊辅助功能。

2）返回参考点（回零）的 PMC 程序，如图 4-5-4 所示。

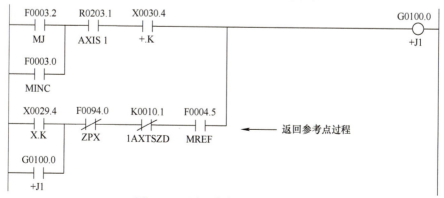

图 4-5-4　返回参考点的 PMC 程序

K10.1 的作用是手动设置 K 值，用来选择正方向或反方向返回参考点，而不用再次修改梯形图。

3）手轮进给轴的选择 PMC 程序，如图 4-5-5 所示。

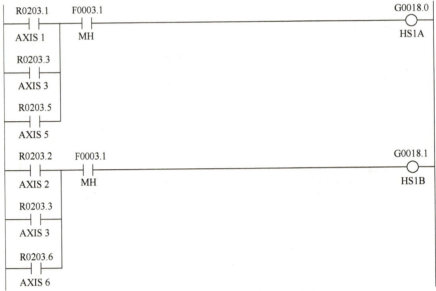

图 4-5-5　手轮进给轴的选择 PMC 程序

其中的对应关系如下：
编码信号 A、B、C 与进给轴的对应见表 4-5-3。

表 4-5-3　手轮轴选信号列表

HS1C（G18.2）	HS1B（G18.1）	HS1A（G18.0）	对应控制轴
0	0	0	没有选择
0	0	1	第一轴
0	1	0	第二轴
0	1	1	第三轴
1	0	0	第四轴

4）手轮倍率的 PMC 程序，如图 4-5-6 所示。

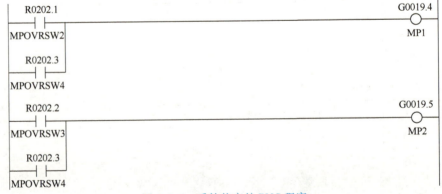

图 4-5-6　手轮倍率的 PMC 程序

关于手轮和增量的速度倍率 MP1、MP2，见表 4-5-4。

表 4-5-4 手轮和增量的速度倍率信号

MP1（G19.4）	MP2（G19.5）	倍　率
0	0	×1
0	1	×10
1	0	X_m（参数 7113 中设定）
1	1	X_n（参数 7114 中设定）

PARAM　7113　　手轮进给的倍率 m(1~127)

PARAM　7114　　手轮进给的倍率 n(1~1000)

　　　　　　　　#7　#6　#5　#4　#3　#2　#1　#0

PARAM　7100　　　　　　　　HPF

#4（HPF）0：速度被限制在快速移动速度，超过快速移动部分的脉冲被忽略。
　　　　　1：速度被限制在快速移动速度，超过快速移动部分的脉冲存于 CNC 中。
现象：手轮停止摇动，机床仍在运行。

5）轴选择输出信号（Y 信号）的 PMC 程序，如图 4-5-7 所示。

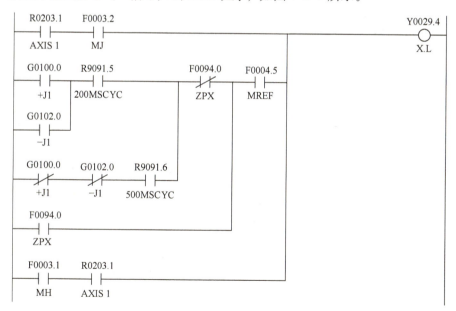

图 4-5-7　轴选择输出信号（Y 信号）的 PMC 程序

6）速度倍率开关（波段开关 SA1）的 PMC 程序，如图 4-5-8 所示。

在进给过程中，对于速度倍率开关，译码过程中的对应关系为 00000 对应倍率 0%，-00011 对应倍率 10%，因为 -11 进行二进制码转换为 11110101 后，再对应加权为 10%。-00021 对应倍率 20%，因为 -21 进行二进制码转换为 11101011 后，再对应加权为 20%。

使用 FANUC 标准子面板 B1 时，波段开关 SA1 输出为格雷码，见表 4-5-5。

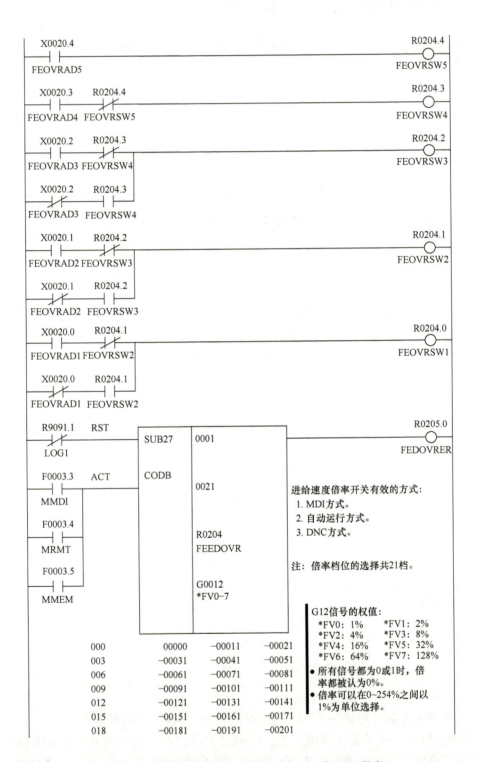

图 4-5-8 速度倍率开关（波段开关 SA1）的 PMC 程序

表 4-5-5　波段开关的格雷码输出

%	0	1	2	4	6	8	10	15	20	30	40	50	60	70	80	90	95	100	105	110	120
X_m+0.0	0	1	1	0	0	1	1	0	0	1	1	0	0	1	1	0	0	1	1	0	0
X_m+0.1	0	0	1	1	1	1	0	0	0	0	1	1	1	1	0	0	0	0	1	1	1
X_m+0.2	0	0	0	0	1	1	1	1	1	1	1	1	0	0	0	0	0	0	0	0	1
X_m+0.3	0	0	0	0	0	0	0	1	1	1	1	1	1	1	1	1	1	1	1	1	1
X_m+0.4	0	0	0	0	0	0	0	0	0	0	0	0	0	0	0	0	1	1	1	1	1
X_m+0.5	0	1	0	1	0	1	0	1	0	1	0	1	0	1	0	1	0	1	0	1	0

其中，X_m+0.5 是奇偶校验位。编程时，需先将格雷码转换成二进制码。

以 4 位二进制数 $b_3b_2b_1b_0$ 对应 $g_3g_2g_1g_0$ 格雷码为例，二进制码和格雷码的位对应关系见表 4-5-6。

表 4-5-6　二进制码和格雷码的位对应关系

编码	0	1	2	3	4	5	6	7	8	9	10	11	12	13	14	15
b3	0	0	0	0	0	0	0	0	1	1	1	1	1	1	1	1
b2	0	0	0	0	1	1	1	1	0	0	0	0	1	1	1	1
b1	0	0	1	1	0	0	1	1	0	0	1	1	0	0	1	1
b0	0	1	0	1	0	1	0	1	0	1	0	1	0	1	0	1
g3	0	0	0	0	0	0	0	0	1	1	1	1	1	1	1	1
g2	0	0	0	0	1	1	1	1	1	1	1	1	0	0	0	0
g1	0	0	1	1	1	1	0	0	0	0	1	1	1	1	0	0
g0	0	1	1	0	0	1	1	0	0	1	1	0	0	1	1	0

把格雷码变换成二进制码，使用异或（XOR），梯形图如图 4-5-9 所示。

手动（JOG）移动时，倍率值的 PMC 程序如图 4-5-10 所示。

由于在手动中，G10、G11 所变化的值需要乘系数 0.01，所以要缩小 100 倍。

另外，空运行时的速度也是由该值决定的。

7）主轴速度倍率（波段开关 SA2）的 PMC 程序，如图 4-5-11 所示。

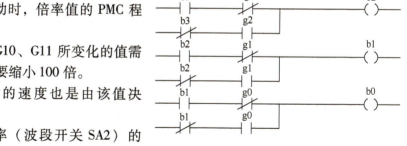

图 4-5-9　格雷码变换成二进制码的梯形图

8）M 辅助功能的 PMC 程序。利用译码指令进行 M 代码的设定，译码指令 DECB 如图 4-5-12所示。

在该译码指令中，形式指定的字节长度中存放二进制数据。因此在 F10 中可以存放最多 256 个值。M 辅助功能 PMC 处理程序如图 4-5-13 所示。

其中，G8.7 ERS 为外部复位信号，G4.3 FIN 为辅助功能完成信号。

9）主轴功能 PMC 程序，如图 4-5-14 所示。

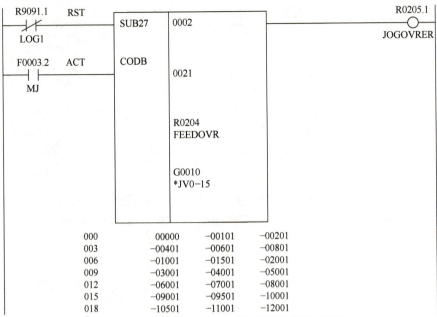

图 4-5-10 手动（JOG）进给倍率的 PMC 程序

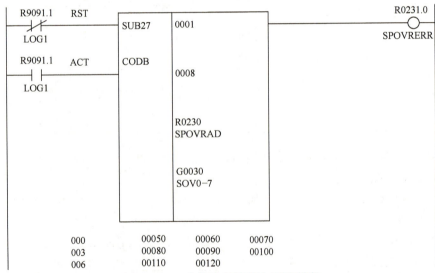

图 4-5-11 主轴速度倍率的 PMC 程序

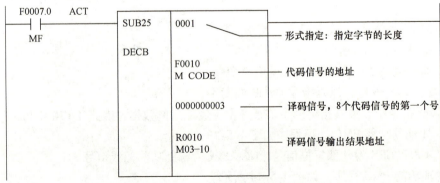

图 4-5-12 译码指令 DECB

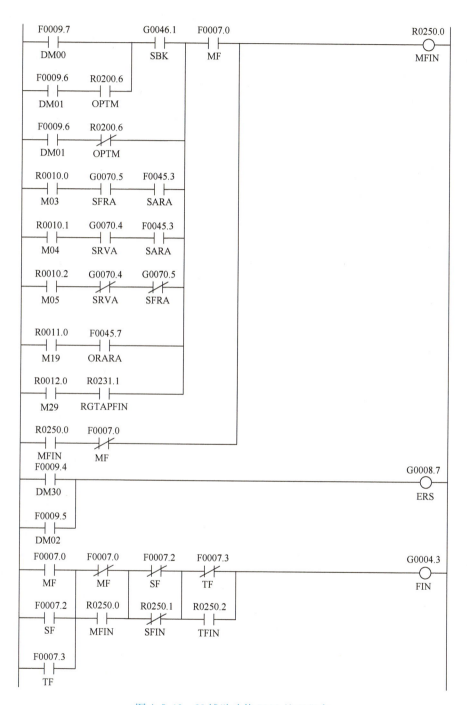

图 4-5-13　M 辅助功能 PMC 处理程序

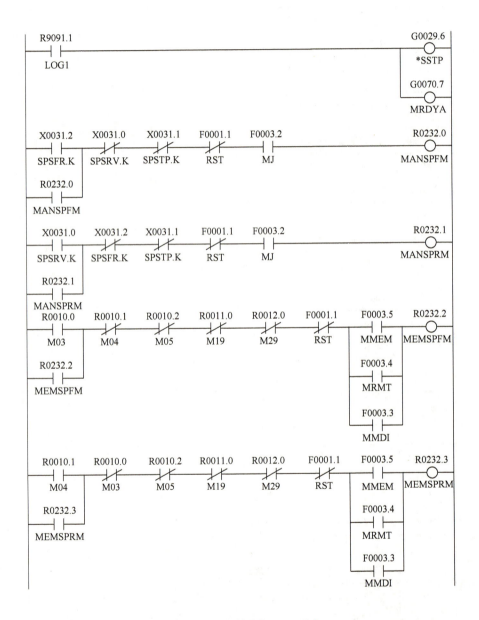

图 4-5-14　主轴功能 PMC 程序

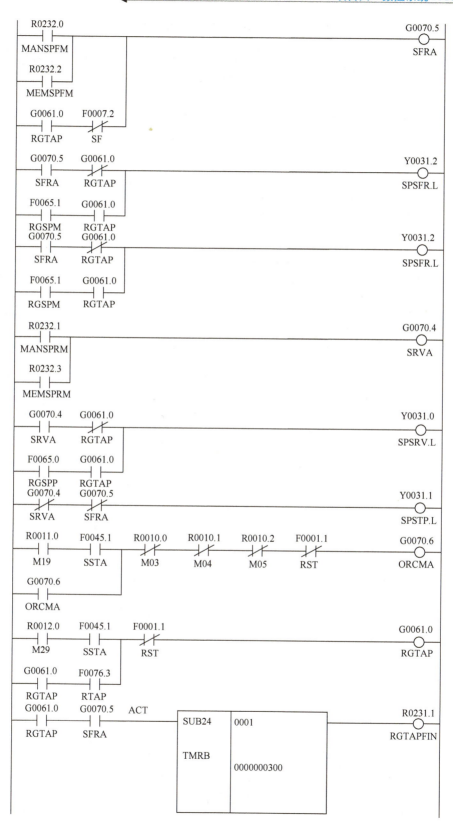

图 4-5-14 主轴功能 PMC 程序（续）

10）轴选中（以 X 轴为例）输出状态 PMC 程序，如图 4-5-15 所示。

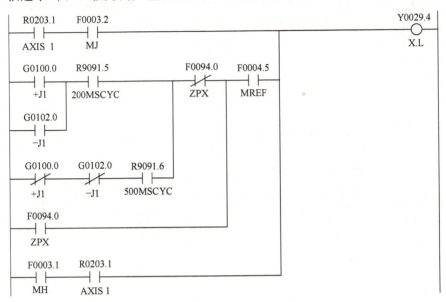

图 4-5-15　X 轴选中输出状态 PMC 程序

项目五 数控机床动作设计与调试

任务一 机床运行准备信号

【任务目标】

1)了解数控机床运行准备信号。
2)掌握急停、MA、SA、ALM、互锁信号的处理方法。
3)掌握数控机床工作方式选择信号的使用方法。

【相关知识】

一、紧急停止(急停)

当发生紧急情况时,按下机床操作面板上的急停按钮(图 5-1-1),机床立即停止运动。按钮按下后机床将被锁住,解除的方法随机床生产厂家不同而不同,通常将急停按钮向右旋转即可解除。

紧急停止信号为 *ESP(Emergency Stop),紧急停止信号有硬件信号和软件信号两种类型,分别为 *ESP < X0008#4 > 和 *ESP < G008#4 >。CNC 直接读取机床硬件信号 X0008.4 和 PMC 的软件输入信号 G008.4,两个信号中任意一个信号为 0 时,机床进入紧急停止状态。

信号地址如下:

图 5-1-1 急停按钮

	#7	#6	#5	#4	#3	#2	#1	#0
X0008				*ESP				

	#7	#6	#5	#4	#3	#2	#1	#0
G008				*ESP				

类别:输入信号。

功能:急停信号生效将立即使机床运动停止。

作用:急停信号 *ESP 变为 0 时,CNC 被复位并使机床处于急停状态。这一信号由按钮的 B 类触点(常闭触点)控制。急停信号使伺服准备信号(SA)变为 0。

CNC 通过存储行程检测功能处理超程检测,不需要行程极限开关。但为了避免由于伺服反馈错误导致机床运动超出软行程限位，通常都安装一个行程终点极限开关，如图 5-1-2 所示。

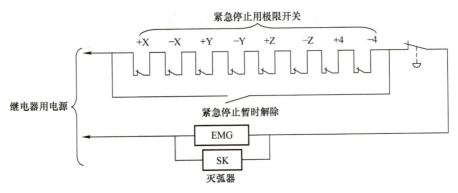

图 5-1-2　紧急停止用极限开关的连接

二、CNC 就绪信号 MA、SA

当 CNC 上电就绪后，CNC 就绪信号即置为 1。

1）CNC 就绪信号 MA〈F001#7〉。

类别：输出信号。

功能：CNC 就绪信号表明 CNC 已经准备就绪。电源接通，CNC 控制软件正常运行准备完成后，该信号变为 1，通知上级控制装置电源已经接通，并可以作为动作的累计时间计数器使用。该信号可以作为常开信号使用。

输出条件：CNC 上电就绪后，该信号置为 1。如果出现系统报警，该信号置为 0。但是，当执行急停或类似操作时，该信号保持为 1。

	#7	#6	#5	#4	#3	#2	#1	#0
F001	MA							

2）伺服就绪信号 SA〈F000#6〉。

类别：输出信号。

功能：紧急停止解除后，伺服系统准备完成，伺服准备完成信号 SA 置为 1。对于带制动器的轴，输出此信号时解除制动，不输出此信号时表示制动。

信号地址如下：

	#7	#6	#5	#4	#3	#2	#1	#0
F000		SA						

三、超程检测信号

刀具移动超出了机床限位开关设定的行程终点时，限位开关动作，刀具减速并停止，且显示"超程"报警。

1）超程信号：*+L1 ~ *+L5 <Gn114.0 ~ Gn114.4>，*-L1 ~ *-L5 <Gn116.0 ~ Gn116.4>。

分类：输入信号。

功能：此信号通知控制轴已经到达行程极限的情况。这是存在于各控制轴的每个方向中的信号。信号名称中的 +／- 表示方向，末尾数字表示控制轴的编号。

动作：超程信号为 0 时，控制装置执行如下动作。

① 在自动运行的情况下，任意轴超程信号为 0 时，系统会使所有轴都减速停止，发出报警，进入自动运行休止状态。

② 在手动运行的情况下，系统仅使超程信号为 0 的轴超程方向移动减速停止。已停止的轴，可以向相反方向移动。

③ 超程信号为 0 的轴、方向，即使信号恢复为 1，在解除报警之前，也无法向该方向移动。

2）解除超程。通过手动运行把刀具移动到安全方向，而后按下 RESET（复位）键即解除报警。

信号地址如下：

	#7	#6	#5	#4	#3	#2	#1	#0
Gn114				*+L5	*+L4	*+L3	*+L2	*+L1

	#7	#6	#5	#4	#3	#2	#1	#0
Gn116				*-L5	*-L4	*-L3	*-L2	*-L1

相关参数如下：

	#7	#6	#5	#4	#3	#2	#1	#0
3004			OTH					

输入类型：参数输入。

数据类型：位路径型。

#5 OTH：是否进行超程信号的检测。

0：进行。

1：不进行。

为了确保安全，通常情况将 #5 OTH 设定为 0，以便进行超程信号的检查。超程报警和信息见表 5-1-1。

表 5-1-1 超程报警和信息

编号	信息	内容
OT0506	正向超程（硬限位）	启用了正方向的行程极限开关 机床到达行程终点时发出报警 发出此报警时，若是自动运行，所有轴的进给都会停止 若是手动运行，仅发出报警的轴停止进给
OT0507	负向超程（硬限位）	启用了负方向的行程极限开关 机床到达行程终点时发出报警 发出此报警时，若是自动运行，所有轴的进给都会停止 若是手动运行，仅发出报警的轴停止进给

四、报警信号

CNC 进入报警状态时,画面上将显示报警,报警中信号变为 1。此外,在 CNC 的电源被切断期间,用来保持存储器内容的电池电压降低到规定值以下时,电池报警信号将置为 1。

1）报警中信号 AL < Fn001.0 >。

分类:输出信号。

功能:通知相关人员 CNC 处在报警状态。报警状态包括 TH 报警、TV 报警、PS 报警、超程报警、过热报警、伺服报警。

输出条件:CNC 进入报警状态时置为 1;CNC 复位,解除报警时,置为 0。

2）电池报警信号 BAL < Fn001.2 >。

分类:输出信号。

功能:此信号通知在 CNC 的电源被切断期间用来保持存储器内容的电池电压处于规定值以下的情况。一般情况下作为用来引起操作者注意的指示灯使用。

输出条件:电池电压在规定值以下时置为 1,电池电压在规定值以上时置为 0。

信号地址如下:

	#7	#6	#5	#4	#3	#2	#1	#0
Fn001						BAL		AL

五、起动锁停、互锁信号

起动锁停、互锁信号生效后将禁止机床的轴移动。

1）起动锁停信号 STLK < Gn007.1 >。

分类:输入信号。

功能:禁止自动运行（存储器运行、DNC 运行或 MDI 运行）中的轴移动。

动作:将信号 STLK 设定为 1 时,轴移动动作就减速停止。但是,在保持自动运行中的状态（信号 STL 为 1,信号 SPL 为 "0"）下停止。在没有轴移动指令而只有 M、S、T、B（第 2 辅助功能）指令的程序段继续移动的情况下,在来到轴移动指令所处的程序段之前,接连执行 M、S、T、B 功能。有轴移动指令和 M、S、T、B 功能时,只送出 M、S、T、B 功能,在自动运行中的状态下停止。将信号 STLK 设定为 0 时,重新开始动作。

2）所有轴互锁信号 *IT < Gn008.0 >。

分类:输入信号。

功能:用来禁止轴移动的信号,与方式无关地有效。

动作:将信号 *IT 设定为 0 时,轴移动动作与方式无关地在减速后停止。但是,自动运行中的情况下,在保持自动运行中的状态（信号 STL 为 1,信号 SPL 为 0）下停止。自动运行时,在没有轴移动指令而只有 M、S、T、B（第 2 辅助功能）指令的程序段继续移动的情况下,在来到轴移动指令所处的程序段之前,接连执行 M、S、T、B 功能。有轴移动指令和 M、S、T、B 功能时,只送出 M、S、T、B 功能,在自动运行中的状态下停止。将信号 *IT 设定为 1 时,重新开始动作。

3）各轴互锁信号 *IT1 ~ *IT5 < Gn130.0 ~ Gn130.4 >。IT 后的数字表示控制轴的编号。

分类：输入信号。

功能：禁止各轴在独立指令下进给。

动作：

① 手动运行时禁止已应用互锁的轴移动，而其他的轴则可以移动。轴移动中应用互锁时，刀具在减速后停止，解除互锁时刀具重新开始移动。

② 自动运行时（MEM、RMT 或 MDI 方式下）在指令了移动（包括刀具位置偏置在内移动量不是 0）轴中应用互锁，禁止所有轴的进给。移动中，对移动中的轴应用互锁时，所有轴都减速停止，解除互锁时所有轴重新开始移动。

③ 该功能在空运行中也有效。

4）程序段开始互锁信号 *BSL < Gn008.3 >。

分类：输入信号。

功能：在自动运行中禁止下一个程序段开始。

动作：设定为 0 期间，不会执行自动运行中的下一个程序段。已经开始执行的程序段，则不受任何影响地被执行到最后。这并不意味着自动运行休止。下一个程序段的指令作为有效的指令处在待机状态，所以在该信号成为 1 的时刻立即重新开始执行。

5）切削程序段开始互锁信号 *CSL < Gn008.1 >。

分类：输入信号。

功能：在自动运行中禁止定位以外的移动指令程序段开始。

动作：设定为 0 期间，自动运行不会执行定位以外的移动指令程序段。已经开始执行的程序段，则不受任何影响地被执行到最后。这并不意味着自动运行休止。下一个程序段的指令作为有效的指令处在待机状态，所以在该信号成为 1 的时刻立即重新开始执行。

用途：指令了主轴时，或者变更了主轴速度时，在主轴到达目标速度之前，通过将该信号事先设定为 0，即可以目标主轴速度来执行下一个切削程序段。

信号地址如下：

	#7	#6	#5	#4	#3	#2	#1	#0
Gn007							STLK	
Gn008					*BSL		*CSL	*IT
Gn130				*IT5	*IT4	*IT3	*IT2	*IT1
Gn132				+MIT5	+MIT4	+MIT3	+MIT2	+MIT1
Gn134				−MIT5	−MIT4	−MIT3	−MIT2	−MIT1
X004				−MIT2	+MIT2	−MIT1	+MIT1	
X013				−MIT2$^{\#2}$	+MIT2$^{\#2}$	−MIT1$^{\#2}$	+MIT1$^{\#2}$	

相关参数如下：

	#7	#6	#5	#4	#3	#2	#1	#0
3003				DAU	DIT	ITX		ITL
					DIT	ITX		ITL

输入类型：参数输入。

数据类型：位路径型。

#0　ITL：使所有轴互锁信号。

0：有效。

1：无效。

#2　ITX：使各轴互锁信号。

0：有效。

1：无效。

#3　DIT：使不同轴向互锁信号。

0：有效。

1：无效。

#4　DAU：参数 DIT（No.3003#3）=0 时，不同轴向互锁信号是否有效。

0：唯有在手动运行的情况下有效，在自动运行的情况下无效。

1：在手动运行和自动运行的情况下都有效。

六、方式选择信号

方式选择信号是由 MD1、MD2、MD4 构成的代码信号。通过这些信号的组合，可以选择 5 种方式：存储器编辑（EDIT）、存储器运行（MEM）、手动数据输入（MDI）、手控手轮进给/增量进给（HANDLE/INC）、JOG 进给（JOG）。

此外，通过组合存储器运行（MEM）和 DNCI 信号，DNC 运行方式即可通过 JOG 进给（JOG）和 ZRN 信号来选择手动参考点返回方式。

可以通过操作方式确认信号，向外部通知当前所选的操作方式。

方式选择信号见表 5-1-2，通过设置输入信号来选择工作方式。

表 5-1-2　方式选择信号和确认信号的关系（"—"表示与信号状态无关）

方式		输入信号					输出信号
		MD4	MD2	MD1	DNCI	ZRN	
自动运行	手动数据输入（MDI）	0	0	0	—	—	MMDI
	存储器运行（MEM）	0	0	1	0	—	MMEM
	DNC 运行（RMT）	0	0	1	1	—	MRMT
存储器编辑（EDIT）		0	0	1	1	—	—
手动运行	手控手轮/增量进给（HANDLE/INC）	1	0	0	—	—	MH、MINC
	JOG 进给	1	0	1	—	0	MJ
	手动参考点返回	1	0	1	—	1	MREF

工作方式见表 5-1-3。

表 5-1-3　工作方式

自动运行	AUTO	自动运行方式	执行存储于存储器的加工程序
	EDIT	编辑方式	进行加工程序的编辑和 CNC 数据的输入/输出
	MDI	手动数据输入方式（MDI 方式）	用 MDI 键盘输入加工程序直接进行运行，运行结束后，加工程序被清空
	REMOTE	在线加工方式（DNC 方式）	在该方式下，可以一边从 RS-232-C 接口或者 CF 卡接口读取程序，一边进行机械加工
手动运行	REF	手动返回参考点方式	用手动操作返回到由机床确定的基准点（参考点）
	JOG	手动连续进给方式	按下手动进给按钮（+，-）时，轴便朝着该方向进行移动
	HANDLE	手轮进给方式	转动手摇脉冲发生器使轴进行移动

信号地址如下：

	#7	#6	#5	#4	#3	#2	#1	#0
Gn043	ZRN		DNCI			MD4	MD2	MD1

	#7	#6	#5	#4	#3	#2	#1	#0
Fn003	MTCHIN	MEDT	MMEM	MRMT	MMDI	MJ	MH	MINC

	#7	#6	#5	#4	#3	#2	#1	#0
Fn004			MREF					

任务二　手动运行

【任务目标】

1）掌握 JOG 进给/增量进给的信号处理方法。
2）掌握手轮进给信号处理方法。

【相关知识】

一、JOG 进给/增量进给

1. 概要

（1）JOG 进给　进给设定为 JOG 进给方式（JOG），并将进给轴方向选择信号设定为 1 时，即可使所选轴向着所选方向连续移动。通过设定参数 No.1002#0 可以使 3 个轴同时移动。

（2）增量进给　进给设定为增量进给方式（INC），并将进给轴方向选择信号设定为 1 时，即可使所选轴向着所选方向每次移动 1 步。移动量的最小单位是最小设定单位。每步可以输入的倍率为 10 倍、100 倍、1000 倍。此外，可以通过参数 HNT（No.7103#2）使倍率再增加 10 倍。

进给速度是由参数 No.1423 设定的速度，可以通过手动进给速度倍率信号改变进给速度。此外，也可以通过手动快速移动选择信号，在快速移动速度下使刀具移动，此时的刀具移动速度与手动进给速度倍率信号无关。

2. 信号

JOG 进给、增量进给与表 5-2-1 所示的信号有关。

表 5-2-1　信号的选择

选择的种类	JOG 进给	增量进给
方式的选择	MD1、MD2、MD4、MJ	MD1、MD2、MD4、MINC
移动轴的选择	+J1、-J1、+J2、-J2、+J3、-J3、…	
移动方向的选择		
移动量的选择		MP1、MP2
移动速度的选择	*JV0 ~ *JV15、RT、ROV1、ROV2	

JOG 进给和增量进给中，只有移动量的选择方法不同。JOG 进给中，进给轴方向选择信号 +J1、-J1、+J2、-J2、+J3、-J3、…在进给轴方向选择信号设定为 1 期间持续移动，而增量进给中，只移动 1 步的移动量（根据手控手轮进给移动量选择信号 MP1、MP2 进行选择）。

1）进给轴方向选择信号：+J1 ~ +J5 <Gn100.0 ~ Gn100.4>，-J1 ~ -J5 <Gn102.0 ~ Gn102.4>。

分类：输入信号。

功能：在 JOG 进给以及增量进给中，选择希望进给的轴以及希望进给的方向。信号名称的 +/- 表示进给的方向，J 后面的数字表示控制轴号，如图 5-2-1 所示。

动作：信号为 1 时，控制装置执行以下动作。

① 若处在可以 JOG 进给或增量进给的状态，则向所选方向进给所选轴。JOG 进给中，该信号为 1 期间

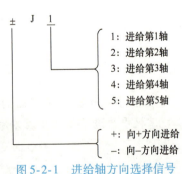

图 5-2-1　进给轴方向选择信号

将持续进给。

② 增量进给中，进给1步的移动量后停止进给。在移动过程中即使该信号成为0也不会停止进给。

③ 如果要再次移动，在移动结束后，暂时将该信号设定为0，而后再将其设定为1。

注意：

① 将相同控制轴的+方向选择和-方向选择同时设定为1时，不选择任何一方，视为等同于0的情形。

② 在选择JOG进给方式或增量进给方式之前，进给轴方向选择信号成为1的情况下，这些信号无效。在选择JOG进给方式或增量进给方式后，需要暂时将其设定为0，而后将其设定为1。

③ 在进给轴方向选择信号为1的情况下执行复位时，或复位中进给轴方向选择成为1时，即使解除复位，这些信号也无效。解除复位后，需要暂时将其设定为0，而后将其设定为1。

2）手动进给速度倍率信号 *JV0 ~ *JV15 <Gn010, Gn011>。

分类：输入信号。

功能：选择JOG进给以及增量进给的进给速度。该信号属于16位二进制代码信号，与倍率值按照如下方式对应。

$$倍率值(\%) = 0.01\% \times \sum_{i=0}^{15} |2^i \times V_i|$$

其中，*JVi 为1时，Vi = 0；*JVi 为0时，Vi = 1；*JV0 ~ *JV15 全都是1的情况下以及全都是0的情况下，都将倍率值视为0，即进给停止。因此，可以在0~655.34%的范围，以0.01%步进行选择。表5-2-2所示为倍率值的几个示例。

表5-2-2 倍率值示例

*JV0 ~ *JV15				倍率值
12	8	4	0	
1111	1111	1111	1111	0
1111	1111	1111	1110	0.01
1111	1111	1111	0101	0.10
1111	1111	1001	1011	1.00
1111	1100	0001	0111	10.00
1101	1000	1110	1111	100.00
0110	0011	1011	1111	400.00
0000	0000	0000	0001	655.34
0000	0000	0000	0000	0

动作：JOG进给或增量进给中，手动快速移动选择信号RT为0的情况下，相对参数No.1423设定的手动进给速度，乘以由该信号选择的倍率值，所得结果就是实际的进给速度。

3）手动快速移动选择信号 RT <Gn019.7>。

分类：输入信号。

功能：作为 JOG 进给以及增量进给的速度选择快速移动。

动作：信号为 1 时，将 JOG 进给或增量进给的进给速度作为快速移动速度。此时，快速移动倍率为有效。JOG 进给或增量进给移动中该信号发生变化时，不管是从 1 变成 0，还是从 0 变成 1 的情况，速度都暂时减速为 0，而后加速到规定的速度，期间，进给轴方向选择信号保持 1 不变也无妨。

3. 信号地址

	#7	#6	#5	#4	#3	#2	#1	#0
Gn010	*JV7	*JV6	*JV5	*JV4	*JV3	*JV2	*JV1	*JV0

	#7	#6	#5	#4	#3	#2	#1	#0
Gn011	*JV15	*JV14	*JV13	*JV12	*JV11	*JV10	*JV9	*JV8

Gn019	RT							

	#7	#6	#5	#4	#3	#2	#1	#0
Gn100				+J5	+J4	+J3	+J2	+J1
Gn102				−J5	−J4	−J3	−J2	−J1

4. 相关参数

	#7	#6	#5	#4	#3	#2	#1	#0
1002								JAX

#0 JAX：JOG 进给、手动快速移动以及手动参考点返回的同时控制轴数。

0：1 轴。

1：3 轴。

	#7	#6	#5	#4	#3	#2	#1	#0
1401								RPD

#0 RPD：通电后参考点返回完成之前，将手动快速移动设定为有效/无效。

0：无效（成为 JOG 进给）。

1：有效。

	#7	#6	#5	#4	#3	#2	#1	#0
1402				JRV			JOV	

#1 JOV：将 JOG 倍率设定为有效/无效。

0：有效。

1：无效（被固定为 100%）。

#4 JRV：JOG 进给和增量进给。

0：选择每分钟进给。

1：选择每转进给。

1423	每个轴的 JOG 进给速度

输入类型：参数输入。

数据类型：实数轴型。

数据单位：mm/min、in/min、°/min（机械单位）。

数据最小单位：取决于该轴的设定单位。

数据范围：若是 IS - B，其范围为 0.0 ~ 999000.0。

① 参数 JRV（No.1402#4）= 0 时，为每个轴设定手动进给速度倍率为 100% 时的 JOG 进给速度（每分钟的进给量）。

② 设定参数 JRV（No.1402#4）= 1（每转进给）时，为每个轴设定手动进给速度倍率为 100% 时的 JOG 进给速度（主轴转动一周的进给量）。

1424	每个轴的手动快速移动速度

输入类型：参数输入。

数据类型：实数轴型。

数据单位：mm/min、in/min、°/min（机械单位）。

数据最小单位：取决于该轴的设定单位。

数据范围：若是 IS - B，其范围为 0.0 ~ 999000.0。

此参数为每个轴设定快速移动倍率为 100% 时的快速移动速度。

注意：

① 设定值为 0 时，视为与参数 No.1420（各轴的快速移动速度）相同。

② 选择了手动快速移动时［参数 RPD（No.1401#0 = 1）］，不管参数 JRV（No.1402#4）的设定如何，都会按照此参数中所设定的速度执行手动进给。

	#7	#6	#5	#4	#3	#2	#1	#0
1610				JGLx				

#4 JGLx：JOG 进给的加/减速形式。

0：指数函数型加/减速。

1：与切削进给相同的加/减速。

此参数取决于参数 CTBx、CTLx（No.1610#1，#0）。

1624	每个轴的JOG进给加/减速的时间常数

输入类型：参数输入。

数据类型：字轴型。

数据单位：ms。

数据范围：0 ~ 4000。

此参数为每个轴设定 JOG 进给加/减速的时间常数。

1625	每个轴的JOG进给加/减速的FL速度

输入类型：参数输入。

数据类型：实数轴型。

数据单位：mm/min、in/min、°/min（机械单位），数据最小单位取决于该轴的设定单位。

数据范围：若是 IS - B，其范围为 0.0 ~ 999000.0。

此参数为每个轴设定 JOG 进给加/减速的 FL 速度。此参数只在指数函数型加/减速的情形下才有效。

	#7	#6	#5	#4	#3	#2	#1	#0
7103						HNT		

#2 HNT：增量进给/手控手轮进给的移动量的倍率。
0：设定为 1 倍。
1：设定为 10 倍。

二、手轮进给

1. 概要

在手轮方式下，可以通过旋转机床操作面板上的手摇脉冲发生器进行对应旋转量的轴进给。利用手轮轴选择开关，选择将被移动的轴。每一刻度的移动量的最小单位就是最小设定单位。可以应用通过 MP1、MP2 < Gn019.4，5 > 所选择的 4 类倍率。此外，可以通过参数 HNT（No. 7103#2）使倍率再增加 10 倍。

手摇脉冲发生器的台数，M 系列最多 3 台，T 系列最多 2 台。

要使用手控手轮进给，请将参数 HPG（No. 8131#0）设定为 1。

JOG 进给方式下的手控手轮进给与手控手轮进给方式下的增量进给可以通过参数可以通过参数 JHD（No. 7100#0）选择表 5-2-3 所列的状态。

表 5-2-3 状态表

进给方式	JHD = 0		JHD = 1	
	JOG 进给方式	手控手轮进给方式	JOG 进给方式	手控手轮进给方式
JOG 进给	○	×	○	×
手控手轮进给	×	○	○	○
增量进给	×	×	×	○

注：○表示有效、×表示无效。

在 TEACH IN JOG 方式下的手控手轮进给，利用参数 THD（No. 7100#1），可以在 TEACH IN JOG 方式下进行手控手轮进给的有效/无效之切换。

相对于手摇脉冲发生器的旋转方向的各轴的移动方向，利用参数 HNGx（No. 7102#0），可以切换相对于手摇脉冲发生器的旋转方向之轴的移动方向。

此外，可通过手控手轮进给方向转向信号 HDN < Gn347.1 > 使相对于手控手轮的旋转方向的轴移动方向转向。转向的轴可通过参数 HNAx（No. 7102#1）进行选择。

各轴倍率设定：

通过将手控手轮进给的倍率设定为 m、n，在参数 No. 12350、No. 12351 中设定任意的倍率，即可为每个轴进行设定。此外，尚未在参数 No. 12350 中设定值的情况下，使用参数 No. 7113；尚未在参数 No. 12351 中设定值的情况下，使用参数 No. 7114。

上述参数对于手控手轮中断也有效。

2. 信号

（1）手控手轮进给轴选择信号

M 系列：HS1A ~ HS1D＜Gn018.0 ~ 3＞；HS2A ~ HS2D＜Gn018.4 ~ 7＞；HS3A ~ HS3D＜Gn019.0 ~ 3＞。

T 系列：HS1A ~ HS1D＜Gn018.0 ~ 3＞；HS2A ~ HS2D＜Gn018.4 ~ 7＞。

分类：输入信号。

功能：选择用手控手轮来进给哪个轴。每个手摇脉冲发生器（最多 3 台）具有一组由 A、B、C、D 4 个信号组成的代码信号（2 路径控制的情况下，相对于每个手摇脉冲发生器，每个路径有一组）。信号名称中的数字表示相对第几台手摇脉冲发生器的信号，如图 5-2-2 所示。

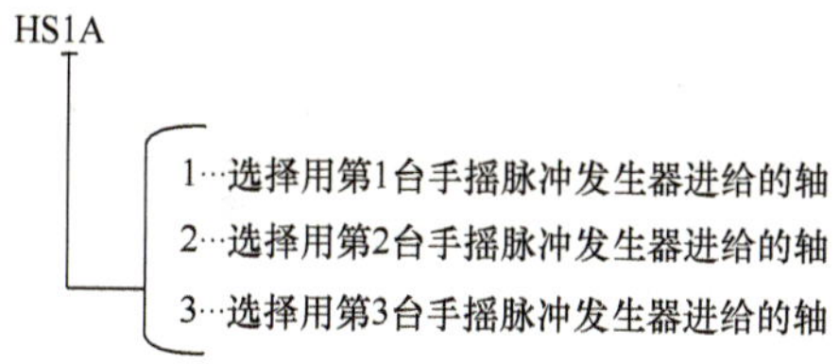

HS1A
1…选择用第1台手摇脉冲发生器进给的轴
2…选择用第2台手摇脉冲发生器进给的轴
3…选择用第3台手摇脉冲发生器进给的轴

图 5-2-2　手摇脉冲发生器信号

A、B、C、D 的代码信号和所选的进给轴见表 5-2-4。

表 5-2-4　代码信号与进给轴

手控手轮进给轴选择信号				进给轴
HSnD	HSnC	HSnB	HSnA	
0	0	0	0	无选择（哪个轴都不进给）
0	0	0	1	第 1 轴
0	0	1	0	第 2 轴
0	0	1	1	第 3 轴
0	1	0	0	第 4 轴
0	1	0	1	第 5 轴

（2）手控手轮进给移动量选择信号（增量进给信号）

M 系列：MP1，MP2＜Gn019.4，5＞；MP21，MP22＜Gn087.0，1＞；MP31，MP32＜Gn087.3，4＞。

T 系列：MP1，MP2＜Gn019.4，5＞；MP21，MP22＜Gn087.0，1＞。

分类：输入信号。

功能：选择手控手轮进给以及手控手轮中断的手摇脉冲发生器每 1 个脉冲的移动量（表 5-2-5）。此外，本信号也适用于增量进给。

表 5-2-5　信号和移动量的对应

手控手轮进给移动量选择信号		移动量		
MP2	MP1	手控手轮进给	手控手轮中断	增量进给
0	0	最小设定单位 ×1	最小设定单位 ×1	最小设定单位 ×1
0	1	最小设定单位 ×10	最小设定单位 ×10	最小设定单位 ×10
1	0	最小设定单位 ×m	最小设定单位 ×m	最小设定单位 ×100
1	1	最小设定单位 ×n	最小设定单位 ×n	最小设定单位 ×1000

×1 倍率时，m、n 由参数 No.7113、No.7114 来设定。每个轴各自的倍率 m、n 由参数 No.12350、No.12351 来设定。此外，通过参数 MPX（No.7100#5）的设定，每一台手摇脉

冲发生器可使用各自的手控手轮移动量选择信号。对各手摇脉冲发生器有效的手控手轮进给移动量选择信号和设定倍率的参数号的关系见表5-2-6。

表5-2-6 选择信号和设定倍率关系

参数 MPX（No. 7100#5）的设定	手摇脉冲发生器	有效的手控手轮进给移动量选择信号	设定倍率的参数	
			m_x	n_x
MPX = 0	第1台~第5台	MP1、MP2	No. 7113	No. 7114
MPX = 1	第1台	MP1、MP2	No. 7113	No. 7114
	第2台	MP21、MP22	No. 7131	No. 7132
	第3台	MP31、MP32	No. 7133	No. 7134

（3）手控手轮进给最大速度切换信号 HNDLF < Gn023.3 >

分类：输入信号。

功能：选择手控手轮进给速度的上限。根据信号的状态，手控手轮进给速度的上限值见表5-2-7。

表5-2-7 手控手轮进给速度上限值

手控手轮进给最大速度切换信号	上限值
0	手动快速移动速度（参数 No. 1424）
1	手控手轮进给速度的上限值（参数 No. 1434）

（4）手轮进给方向转向信号 HDN < Gn347.1 >

分类：输入信号。

功能：手控手轮进给中使手摇脉冲发生器的旋转方向和轴的移动方向转向。

0：使轴移动方向相对手摇脉冲发生器的旋转方向不变。

1：使轴移动方向相对手摇脉冲发生器的旋转方向转向。

通过此信号使移动方向转向的轴，可通过参数 HNAx（No. 7102#1）进行选择。此外，此信号对手动直线、圆弧插补的旋转方向不起作用。

3. 信号地址

	#7	#6	#5	#4	#3	#2	#1	#0
Gn018	HS2D	HS2C	HS2B	HS2A	HS1D	HS1C	HS1B	HS1A
Gn019			MP2	MP1	HS3D	HS3C	HS3B	HS3A
Gn023					HNDLF			
Gn087			MP32	MP31			MP22	MP21
Gn347							HDN	

4. 相关参数

	#7	#6	#5	#4	#3	#2	#1	#0
7100			MPX				THD	JHD

#0 JHD：设定是否在 JOG 进给（JOG）方式下使手控手轮进给有效，是否在手控手轮进给方式下使增量进给有效。

0：无效。

1：有效。

#1 THD：TEACH IN JOG 方式下的手动脉冲发生器是否有效。

0：无效。

1：有效。

#5 MPX：手控手轮进给中，手控手轮移动量选择信号。

0：将第 1 台手摇脉冲发生器用的信号 MP1、MP2＜G019.4，5＞作为各手摇脉冲发生器共同的信号来使用。

1：针对每台手摇脉冲发生器使用各自的手控手轮进给移动量选择信号。

第 1 台手摇脉冲发生器：MP1、MP2＜G019.4，5＞。

第 2 台手摇脉冲发生器：MP21、MP22＜G087.0，1＞。

第 3 台手摇脉冲发生器：MP31、MP32＜G087.3，4＞。

7113	手控手轮进给的倍率 m

输入类型：参数输入。

数据类型：字路径型。

数据范围：1～2000。

此参数设定手控手轮进给移动量选择信号 MP1＝0、MP2＝1 时的倍率 m。

7114	手控手轮进给的倍率 n

输入类型：参数输入。

数据类型：字路径型。

数据范围：1～2000。

此参数设定手控手轮进给移动量选择信号 MP1＝1、MP2＝1 时的倍率 n。

7131	手控手轮进给倍率 $m2$/ 第 2 台手摇脉冲发生器

7132	手控手轮进给倍率 $n2$/ 第 2 台手摇脉冲发生器

7133	手控手轮进给倍率 $m3$/ 第 3 台手摇脉冲发生器

7134	手控手轮进给倍率 $n3$/ 第 3 台手摇脉冲发生器

输入类型：参数输入。

数据类型：字路径型。

数据范围：1～2000。

mx 设定手控手轮进给移动量选择信号 MPx1＝0、MPx2＝1 时的倍率；nx 设定手控手轮进给移动量选择信号 MPx1＝1、MPx2＝1 时的倍率。

任务三　建立与调整参考点

【任务目标】
1) 掌握参考点的概念及其作用。
2) 掌握手动返回参考点的三种形式。

【相关知识】

一、手动参考点返回

1. 概要

把机械坐标移动到机床的固定点（参考点、原点），使机床位置与 CNC 的机械坐标位置重合的操作，称为参考点设定。

手动返回参考点方式下，通过将进给轴方向选择信号设定为 1，即可针对每个轴使刀具沿着由参数 ZMI（No.1006#5）确定的方向移动，并返回到参考点。

手动返回参考点的方式通称为栅格方式，它是通过参考点基于位置检测器一转信号的电气晶格（栅格）来确定参考点的一种方式。

手动返回参考点与表 5-3-1 所列信号相关。

表 5-3-1　手动返回参考点信号

项目	手动返回参考点
方式的选择	MD1、MD2、MD4
参考点返回的选择	ZRN、MREF
移动轴的选择	+J1、-J1、+J2、-J2、+J3、-J3、…
移动方向的选择	
移动速度的选择	ROV1、ROV2
参考点返回用减速信号	*DEC1、*DEC2、*DEC3、…
参考点返回完成信号	ZP1、ZP2、ZP3、…
参考点建立信号	ZRF1、ZRF2、ZRF3、…

手动返回参考点的基本步骤：

① 选择手动连续进给（JOG）方式，将手动返回参考点选择信号 ZRN 设为 1。

② 将进给轴方向选择信号（+J1、-J1、+J2、-J2、…）设定为 1 后，使希望返回参考点的轴向参考点方向进给。

③ 进给轴方向选择信号为 1 期间，该轴以快速移动方式进给。快速移动倍率信号（ROV1、ROV2）虽然有效，但是通常将其设定为 100%。

④ 即将到达参考点时，压下设置在机械上的极限开关，参考点返回用减速信号（*DEC1、*DEC2、*DEC3、…）成为 0。进给轴移动速度暂时减速到 0，再以一定的低速度（由参数 No.1425 所设定的参考点返回 FL 速度）进行进给。

⑤ 松开减速用的极限开关，在参考点返回用减速信号成为 1 时，原样以 FL 速度进行进

给后，在最初的栅格（电气晶格点）停止。

⑥ 确认已经到位后，参考点返回完成信号（ZP1、ZP2、ZP3、…）和参考点建立信号（ZRF1、ZRF2、ZRF3、…）成为1。

利用参数 JAX（No.1002#0），可使3个轴同时移动。

在②~⑤期间，将进给轴方向选择信号（+J1、-J1、+J2、-J2、…）设定为0时，进给当场停止，视为参考点返回中止。再度将其设定为1时，以快速移动方式（从③开始）重新开始动作。

参考点的调整方法有基于栅格偏移的方法和基于参考点偏移的方法。希望使1个栅格以内的参考点偏移时，选择基于栅格偏移的方法，将参数 SFDx（No1008#4）设定为0。希望使1个栅格以上的参考点偏移时，选择参考点偏移，将参数 SFDx（No1008#4）设定为1。

① 基于栅格偏移的参考点位置调整。通过栅格偏移来使参考点位置错开时，可以使栅格位置只偏移由参数 No.1850 所设定的量。可以设定的栅格偏移量为参考计数器容量（参数 No.1821）以下的值。从松开减速用的极限开关到最初的栅格点为止的距离，显示在诊断显示（No.302）上。此外，还将被自动保存在参数 No.1844 中。

② 基于参考点偏移的参考点位置调整。在基于参考点偏移使参考点位置错开时，通过参数中设定参考点的偏移量，即可使参考点偏移而无需移动减速挡块。通过将参数 SFDx（No.1008#4）设定为1，本功能有效。通过在参数 No.1850 中设定的参考点偏移量，即可以使参考点偏移。

此外，参数 No.1844 会自动保存已经返回参考点的轴的距离 LDEC，距离 LDEC 显示在诊断显示（No.302）中。

2. 信号

（1）手动返回参考点选择信号 ZRN < Gn043.7 >

分类：输入信号。

功能：选择手动返回参考点操作。手动返回参考点属于 JOG 进给。因此，要选择手动返回参考点，需要选择 JOG 进给的方式，同时将手动返回参考点选择信号设定为"1"。

动作：信号为1时，控制装置执行如下动作。

① 在尚未选择 JOG 进给方式时，予以忽略而没有任何操作。

② 选择了 JOG 进给方式时，可以执行手动返回参考点操作。此时，手动返回参考点选择确认信号 MREF 成为1。

（2）手动返回参考点选择确认信号 MREF < Fn004.5 >

分类：输出信号。

功能：此信号通知已经选择了手动参考点返回的情况。

输出条件：选择手动返回参考点时，成为1，结束了手动返回参考点的选择时，成为0。

（3）进给轴方向选择信号　执行返回参考点操作的方向，针对每个轴由参数 ZMI（No.1006#5）进行设定。有关返回参考点操作，在向与该方向相反的方向进给轴时，返回参考点用减速信号暂时成为0而后再次恢复为1的时刻（也即向规定方向进给时首次按下减速用极限开关时）之后，自动地折返到规定的返回参考点方向，执行返回参考点操作。

选择了返回参考点时，返回参考点完成信号成为1的轴，在返回参考点选择信号 ZRN 为1期间，移动将被锁定。要使其移动，需要将 ZRN 设定为0，进而将进给轴方向选择信号暂时设定为0后，再次将进给轴方向选择信号设定为1。

(4) 返回参考点用减速信号 *DEC1 ~ *DEC5 <X009.0 ~ X009.4>

分类：输入信号。

功能：使手动返回参考点的进给减速，以较慢的速度靠近参考点。每个轴都相互独立，末尾数字表示控制轴的编号。

动作：基于减速信号的控制装置的动作，请参照手动返回参考点操作的基本步骤项。

此外，通过将参数 GDC（No.3006#0）设定为1，即可使用输入信号 <G196>。

(5) 参考点返回完成信号 ZP1 ~ ZP5 <Fn094.0 ~ Fn094.4>

分类：输出信号。

功能：此信号通知控制轴位于参考点上的情况。每个轴都相互独立，末尾数字表示控制轴的编号。

输出条件：下列情况成为1。

① 手动返回参考点完成而已经到位时。

② 自动返回参考点（G28）完成而已经到位时。

③ 返回参考点检测（G27）正常完成而已经到位时。

下列情况成为0。

① 从参考点移动时。

② 处在紧急停止中时。

③ 发生伺服报警时。

(6) 参考点建立信号 ZRF1 ~ ZRF5 <Fn120.0 ~ Fn120.4>

分类：输出信号。

功能：此信号通知参考点已经建立的情况。每个轴都相互独立，末尾数字表示控制轴的编号。

输出条件：下列情况下成为1。

① 手动返回参考点完成而已经建立参考点时。

② 通电时已通过绝对位置检测器建立参考点时。

参考点丢失时，成为0。

3. 信号地址

	#7	#6	#5	#4	#3	#2	#1	#0
X009				*DEC5	*DEC4	*DEC3	*DEC2	*DEC1

参数 GDC（No.3006#0）为"0"时

	#7	#6	#5	#4	#3	#2	#1	#0
Gn196				*DEC5	*DEC4	*DEC3	*DEC2	*DEC1

参数 GDC（No.3006#0）为"1"时

| Gn043 | ZRN |

	#7	#6	#5	#4	#3	#2	#1	#0
Fn004			MREF					
Fn094				ZP5	ZP4	ZP3	ZP2	ZP1
Fn120				ZRF5	ZRF4	ZRF3	ZRF2	ZRF1

4. 相关参数

	#7	#6	#5	#4	#3	#2	#1	#0
1002					AZR			JAX

#0　JAX：JOG 进给、手动快速移动以及手动返回参考点的同时控制轴数。

0：1 轴。

1：3 轴。

#3　AZR：参考点尚未建立时的 G28 指令。

0：执行与手动返回参考点相同的、借助减速挡块的返回参考点操作。

1：显示出报警（PS0304）"未建立零点即指令 G28"。

	#7	#6	#5	#4	#3	#2	#1	#0
1005					HJZx		DLZx	ZRNx

#0　ZRNx：在通电后没有执行一次返回参考点操作的状态下，通过自动运行指定伴随 G28 以外的移动指令。

0：发出报警（PS0224）"回零未结束"。

1：不发出报警就执行操作。

#1　DLZx：设定无挡块参考点设定功能是否有效。

0：无效。

1：有效。

#3　HJZx：已经建立参考点时的手动返回参考点。

0：执行借助减速挡块的返回参考点操作。

1：与减速挡块无关地通过参数 SJZ（No.0002#7）来选择以快速移动方式定位到参考点，或是执行借助于减速挡块的返回参考点操作。

在使用无挡块参考点设定功能［见参数 DLZx（No.1005#1）］的情况下，在参考点建立后的手动返回参考点操作中，始终以参数中所设定的速度定位到参考点而与 HJZ 的设定无关。

	#7	#6	#5	#4	#3	#2	#1	#0
1006			ZMIx		DIAx		ROSx	ROTx

#5　ZMIx：设定手动返回参考点方向。

0：正方向。

1：负方向。

	#7	#6	#5	#4	#3	#2	#1	#0
1008				SFDx				

#4　SFDx：在基于栅格方式的返回参考点操作中，参考点偏移功能是否有效。

0：无效。

1：有效。

	#7	#6	#5	#4	#3	#2	#1	#0
1401						JZR		RPD

#0　RPD：通电后返回参考点完成之前，设定手动快速移动是否有效。

0：无效（成为 JOG 进给）。
1：有效。
#2　JZR：是否通过 JOG 进给速度进行手动返回参考点操作。
0：不进行。
1：进行。

1425	每个轴的手动返回参考点的FL速度

数据单位：mm/min、in/min、°/min（机械单位）
数据最小单位：取决于该轴的设定单位。
数据范围：若是 IS – B，其范围为 0.0 ~ 999000.0。
此参数为每个轴设定返回参考点时减速后的进给速度（FL 速度）。

1428	每个轴的返回参考点速度

数据单位：mm/min、in/min、°/min（机械单位）。
数据最小单位：取决于该轴的设定单位。
数据范围：若是 IS – B，其范围为 0.0 ~ 999000.0。
此参数设定采用减速挡块的返回参考点情形，或在尚未建立参考点状态下返回参考点的快速移动速度。

1821	每个轴的参考计数器容量

数据单位：检测单位。
数据范围：0 ~ 999999999。
此参数设定参考计数器的容量。参考计数器的容量指定为执行栅格方式时返回参考点用的栅格间隔。设定值小于 0 时，将其视为 10000。

1850	每个轴的栅格偏移量/参考点偏移量

数据单位：检测单位。
数据范围：0 ~ 99999999。
此参数为每个轴设定使参考点位置偏移的栅格偏移量或参考点偏移量。可以设定的栅格量为参考计数器容量以下的值。参数 SFDx（No.1008#4）为 0 时，成为栅格偏移量；为 1 时，成为参考点偏移量。

二、无挡块参考点设定

1. 概要

通过 JOG 进给使刀具移动到为每个轴所确定的参考点附近，以手动参考点返回方式，通过将进给轴方向选择信号设定为 1，即可在没有返回参考点用减速信号下设定参考点。

由此，无需设置减速用极限开关，即可将任意的位置作为机械参考点来设定。此外，在带有绝对位置检测器的情况下，设定好的参考点即使在切断电源后也会保持，所以在下次通电时，无需进行参考点设定。

无挡块参考点设定的基本步骤：

① 在 JOG 进给下朝着参考点返回方向，将希望设定参考点的轴定位于紧靠参考点的附

近位置，如图 5-3-1 所示。

② 选择手动返回参考点方式，将希望设定参考点的轴的进给轴方向选择信号（正向或者负向）设定为 1。

③ 定位于以从当前点到参数 ZMIx（No.1006#5）中所确定的参考点返回方向的最靠近栅格（基于位置检测器一转信号的电气晶格）位置，将该点作为参考点。

④ 确认已经到位后，返回参考点完成信号（ZP1）和参考点建立信号（ZRF1）即被设定为 1。

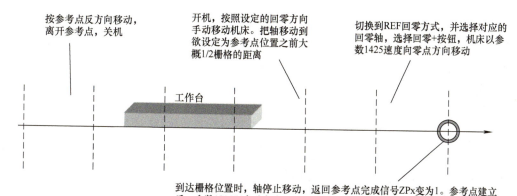

图 5-3-1　无挡块参考点设定步骤

参考点建立后，以手动返回参考点方式将进给轴方向选择信号设定为 1 时，则定位在参考点而与进给轴方向选择信号的方向无关。定位完成后，返回参考点完成信号就成为 1。

如果带有绝对位置检测［参数 APCx（No.1815#5）设定为 1］，在丢失参考点的状态时［参数 APZx（No.1815#4）为 0］，发生报警（DS0300）。正如在无挡块返回参考点的基本步骤中说明的那样，通过 JOG 进给使刀具移动到图 5-3-2 所示的 P 位置，然后在手动返回参考点方式下进行无挡块参考点设定。

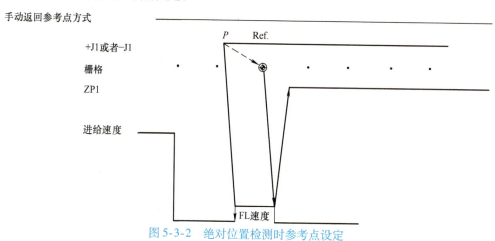

图 5-3-2　绝对位置检测时参考点设定

无挡块参考点设定完成时，定位在栅格，将图 5-3-2 中的 Ref. 作为参考点。

此外，在完成绝对位置检测中的参考点关系设置后，即成为已建立参考点的状态［参数 APZx（No.1815#4）被设定为 1］，再进行复位，即可解除报警（DS0300）。

2. 相关参数

	#7	#6	#5	#4	#3	#2	#1	#0
1002	IDG							

#7 IDG：基于无挡块参考点方式对参考点进行设定时，是否使禁止参数 IDGx（No.1012#0）进行自动设定参考点。

0：不进行。

1：进行。

	#7	#6	#5	#4	#3	#2	#1	#0
1005							DLZx	

#1 DLZx：设定无挡块参考点设定功能是否有效。

0：无效。

1：有效。

	#7	#6	#5	#4	#3	#2	#1	#0
1006			ZMIx					

#5 ZMIx：设定手动返回参考点方向。

0：正方向。

1：负方向。

	#7	#6	#5	#4	#3	#2	#1	#0
1007				GRDx				

#4 GRDx：进行绝对值检测的轴，在机械位置和绝对位置检测器之间对应关系尚未完成的状态下，进行无挡块参考点设定时，是否进行2次以上的设定。

0：不进行。

1：进行。

	#7	#6	#5	#4	#3	#2	#1	#0
1012								IDGx

#0 IDGx：是否禁止通过无挡块参考点设定来再次设定参考点。

0：不禁止。

1：禁止［发出报警（PS0301）］。

三、挡块式参考点设定

1. 概要

通过在机械上某一固定点安装减速开关，和工作台上的挡块进行碰压来确定参考点的位置。使用减速挡块回参考点使用 CNC 内部设计的栅格（每隔一定距离的信号）进行停止，也称为栅格方式。1个栅格的距离等于检测单位×参考计数器容量。

挡块式参考点建立的基本步骤如图 5-3-3 所示。

确认减速挡块的位置。因机械上不能保证每次对减速挡块的碰压和弹起时间一致，所以如何调整脱开挡块距离原点的位置（脱开挡块的第一个栅格）就变得非常关键。该调整不当时，会发生参考点偏差在一个螺距的现象，如图 5-3-4 所示。

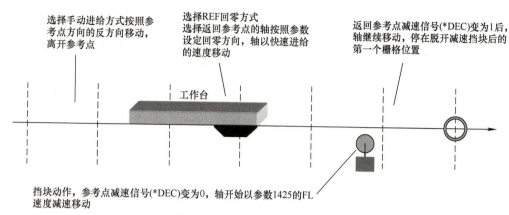

图 5-3-3 挡块式参考点建立步骤

例如，参考计数器容量（栅格间距）=10000 的调整方法如下：

① 参数 PRM1850 栅格偏移量为 0。返回参考点，建立原点。

② 观察诊断 DGN302 的数值，调整数值为 5000 为佳。

2. 相关参数

与无挡块式参考点建立需设定的参数基本一致。

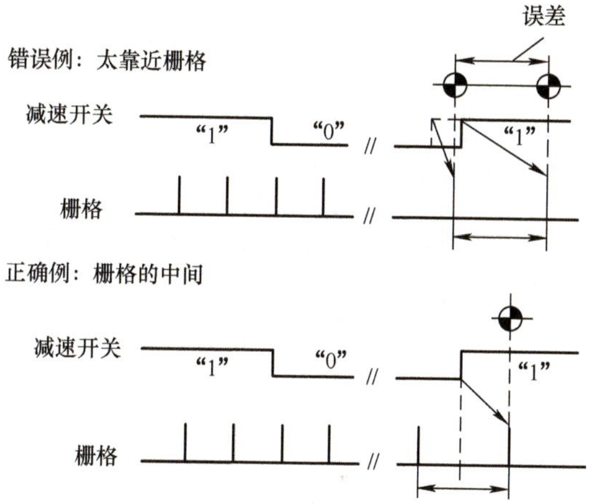

图 5-3-4 调整示例

四、基准点式参考点建立

1. 概要

基准点式参考点建立必须使用绝对位置编码器进行控制，通过在机床上特定位置设定原点标记，使移动工作台上的标记点与之重合来建立参考点。对准标记设定参考点，是一种使机床移动到标记的位置，从而简单设定参考点的方法。

基准点式参考点建立步骤如图 5-3-5 所示。

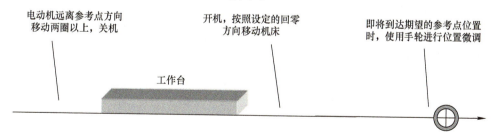

图 5-3-5 对准标记设定参考点

① 电动机旋转两圈以上远离参考点，关机。

② 开机，手动移动工作台，使之与机床的参考点标记重合（图 5-3-6）。

③ 手动设定 PRM1815#4 = 1，关机再开机后参考点建立完成。

原点建立后再执行手动返回参考点，系统会自动判断返回方向，并以快速速度进行定

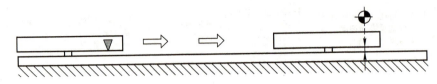

图 5-3-6　参考点标记重合

位。如果不执行第一步操作，有时会造成原点不能正常设定。

通过 MDI 工作模式，手动将参数 1815#4 设定为 1，当前位置将记忆为参考点位置。

2. 相关参数

参数 PRM1005#1 设置为 1，选择无挡块参考点方式；参数 PRM1815#5 设置为 1，选择绝对位置控制方式。其他参数与前述参数基本一样。

任务四　自 动 运 行

【任务目标】

1）掌握循环启动/进给保持的概念及其作用。
2）掌握循环启动/进给保持信号处理方法。
3）掌握复位、空运行信号处理方法。

【相关知识】

一、循环启动/进给保持

1. 概要

（1）循环启动　自动运行的启动（循环启动）是指在存储器运行方式（MEM）、DNC 运行方式（RMT）或者手动数据输入方式（MDI）下将自动运行启动信号 ST 设定为 1 后再设定为 0 时，系统进入自动运行启动状态，开始运行。

但是，下列情况下忽略信号 ST。

1）MEM、RMT 或者 MDI 方式以外的情况。
2）自动运行休止信号 *SP 为 0 的情况。
3）紧急停止信号 *ESP 为 0 的情况。
4）外部复位信号 ERS 为 1 的情况。
5）复位 & 倒带信号 RRW 为 1 的情况。
6）按下了 MDI 键的 "RESET" 键的情况。
7）CNC 处在报警状态的情况。
8）CNC 处在 NOT READY 状态的情况。
9）自动运行启动中的情况。
10）程序再启动信号 SRN 为 1 的情况。
11）顺序号检索中的情况。

自动运行中发生下列事件时，CNC 成为自动运行休止状态，停止动作。

1）自动运行休止信号 *SP 为 0 的情况。

2）将方式切换到手动运行方式（JOG、INC、HND、REF TJOG、THND）的情况。

自动运行中发生下列事件时，CNC 变为自动运行停止状态，停止动作。

1）单程序段操作中，1 个程序段的指令已结束的情况。

2）手动数据输入方式（MDI）下的运行已经结束的情况。

3）CNC 中发生报警的情况。

4）将方式切换到其他的自动运行方式，或者切换到存储器编辑方式（EDIT）的方式，1 个程序段的指令已经结束的情况。

自动运行中发生下列事件时，CNC 变为复位状态，停止动作。

1）紧急停止信号 *ESP 成为 0 的情况。

2）外部复位信号 ERS 成为 1 的情况。

3）复位 & 倒带信号 RRW 成为 1 的情况。

4）按下了 MDI 面板"RESET"键的情况。

（2）自动运行的休止　自动运行启动中将自动运行休止信号 *SP 设定为 0 时，CNC 变为自动运行休止状态，停止动作。同时，自动运行启动中信号 STL 成为 0，自动运行休止中信号 SPL 成为 1。即使再次将信号 *SP 设定为 1，也不会返回自动运行的状态。将信号 *SP 设定为 1，将信号 ST 设定为 1 后再设定为 0 时，进入自动运行的状态，即可重新开始动作。

在执行只编程了 M、S、T、B 功能的程序段的过程中将信号 *SP 设定为 0 时，信号 STL 立即成为 0，信号 SPL 成为 1，CNC 进入自动运行休止状态。而后，从 PMC 侧返回 FIN 信号时，执行该处理，即 CNC 一直动作到执行中的程序段结束。执行中的动作结束时，信号 SPL 成为 0（信号 STL 保持 0 不变），CNC 进入自动运行休止状态。

1）螺纹切削时。螺纹切削动作中将信号 *SP 设定为 0，在执行位于螺纹切削程序后的、非螺纹切削指令的程序段 1 个程序段后，CNC 进入自动运行休止状态。

T 系列的情况下，在 G92（螺纹切削循环）的螺纹切削中信号 *SP 成为 0 的情况下，信号 SPL 立即成为 1，动作继续进行，在螺纹切削动作的下一个退刀动作结束时停止。此外，指令了 G32（M 系列的情况下为 G33）下在螺纹切削中信号 *SP 成为 0 时，信号 SPL 立即成为 1，但是动作继续进行，在位于螺纹切削后的非螺纹切削的程序段的动作结束时动作停止（螺纹切削中停止进给时，进给量将会增大而十分危险）。

2）固定循环的攻螺纹循环时。固定循环的攻螺纹循环（G84）的攻螺纹切削中信号 *SP 成为 0 时，信号 SPL 立即成为 1，但是动作继续进行，在攻螺纹动作结束，返回到初始平面或者 R 点平面的时刻动作停止。

3）宏指令执行中时。执行中的宏指令，在执行 1 个指令后停止。

2. 信号

（1）自动运行启动信号 ST＜Gn007.2＞

分类：输入信号。

功能：启动自动运行。

动作：存储器运行方式（MEM）、DNC 运行方式（RMT）或手动数据输入方式（MDI）下将信号 ST 设定为 1 后再设定为 0 时，CNC 进入自动运行启动状态，开始运行。

(2) 自动运行休止信号 *SP <Gn008.5>

分类：输入信号。

功能：使自动运行休止。

动作：自动运行（MEM、RMT 或 MDI 方式）中将信号 *SP 设定为 0 时，CNC 进入自动运行休止状态，停止动作。

此外，信号 *SP 为 0 时，无法启动自动运行。

(3) 自动运行中信号 OP <Fn000.7>

分类：输出信号。

功能：此信号向 PMC 通知处在自动运行状态的情况。

输出条件：见表 5-4-1。

(4) 自动运行启动中信号 STL <Fn000.5>

分类：输出信号。

功能：此信号向 PMC 通知自动运行处在启动中（动作中）的情况。

输出条件：见表 5-4-1。

(5) 自动运行休止中信号 SPL <Fn000.4>

分类：输出信号。

功能：此信号向 PMC 通知自动运行处在休止状态的情况。

输出条件：见表 5-4-1。

信号 OP、STL、SPL 是将 CNC 的运行状态通知 PMC 用的信号，见表 5-4-1。

表 5-4-1 自动运行状态

信号名	自动运行启动中 STL	自动运行休止中 SPL	自动运行中 OP
自动运行启动状态	1	0	1
自动运行休止状态	0	1	1
自动运行停止状态	0	0	1
复位状态	0	0	0

1) 自动运行启动状态。CNC 处在执行基于自动运行、手动数据输入的指令的状态。

2) 自动运行休止状态。CNC 处在中断基于自动运行、手动数据输入的指令的执行的状态（留下应该执行的指令的状态）。

3) 自动运行停止状态。CNC 处在结束基于自动运行、手动数据输入的指令的执行而停止的状态。

4) 复位状态。CNC 处在强制结束自动运行的状态。

3. 信号地址

	#7	#6	#5	#4	#3	#2	#1	#0
Gn007						ST		

	#7	#6	#5	#4	#3	#2	#1	#0
Gn008			*SP					

	#7	#6	#5	#4	#3	#2	#1	#0
Fn000	OP		STL	SPL				

二、复位

1. 概要

CNC 在下列情况下执行复位处理,成为复位状态。

1)紧急停止信号 ∗ESP 成为 0 的情况。
2)外部复位信号 ERS 成为 1 的情况。
3)复位 & 倒带信号 RRW 成为 1 的情况。
4)按下了 MDI 键的"RESET"键的情况。

执行复位时,向 PMC 输出复位中信号 RST。复位中信号 RST 在解除上述情况后,经过由参数 No.3017 设定输出时间后成为 0。

复位时间 = 复位处理所需时间 + 参数设定值 ×16ms,如图 5-4-1 所示。

在自动运行中执行复位时,自动运行停止,移动中的控制轴减速停止(注意 1)。

在执行 M、S、T、B 功能中被复位时,信号 MF、SF、TF、BF 在 100ms 以内成为 0。

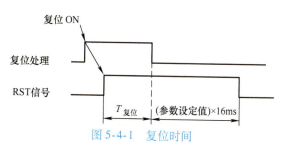

图 5-4-1 复位时间

在手动运行(JOG 进给、手控手轮进给、增量进给等)中移动中的控制轴的情况下刀具也减速停止。执行复位时,通过参数 CLR(No.3402#6)来选择将 CNC 的内部数据(模态 G 代码等)设定为清除状态还是复位状态。

参数 MCL(No.3203#7):是否擦除 MDI 方式下创建的程序。

0:不予擦除。
1:予以擦除。

参数 CCV(No.6001#6):是否清除用户宏变量 #100 ~ #199。

0:予以清除。
1:不予清除。

2. 信号

(1)外部复位信号 ERS < Gn008.7 >

分类:输入信号。

功能:复位 CNC。

动作:将信号 ERS 设定为 1 时,CNC 即被复位,成为复位状态。CNC 处在复位处理中时,复位中信号 RST 成为 1。

(2)复位 & 倒带信号 RRW < Gn008.6 >

分类:输入信号。

功能:复位 CNC 的同时,进行所选的自动运行程序的倒带操作。

(3)复位中信号 RST < Fn001.1 >

分类:输出信号。

功能:此信号向 PMC 通知 CNC 处在复位处理中的情况,请使用于 PMC 侧的复位处理。

(4)基于 MDI 的复位确认信号 MDIRST < Fn006.1 >

分类:输出信号。

功能：此信号向 PMC 通知已经按下了 MDI 键的"RESET"键的情况。

输出条件：在基于 MDI 的复位有效的路径中，按下了"RESET"键时，成为 1。在尚未按下 MDI 键的"RESET"键时，或基于 MDI 的复位无效的路径时，成为 0。

3. 信号地址

	#7	#6	#5	#4	#3	#2	#1	#0
Gn008	ERS	RRW						

	#7	#6	#5	#4	#3	#2	#1	#0
Fn000								RWD

	#7	#6	#5	#4	#3	#2	#1	#0
Fn001								RST

	#7	#6	#5	#4	#3	#2	#1	#0
Fn006								MDIRST

4. 相关参数

	#7	#6	#5	#4	#3	#2	#1	#0
3001						RWM		

#2 RWM：是否在程序存储器内的程序倒带中输出倒带中信号（RWD）。

0：不予输出。

1：予以输出。

3017	复位信号 RST 的输出时间

数据单位：16ms。

数据范围：0~255。

此参数设定复位信号 RST 的输出时间。

$$RST 信号的输出时间 = 复位处理所需时间 + 参数设定值 \times 16ms$$

	#7	#6	#5	#4	#3	#2	#1	#0
3203	MCL							

#7 MCL：是否通过复位操作删除由 MDI 方式创建的程序。

0：不予擦除。

1：予以擦除。

	#7	#6	#5	#4	#3	#2	#1	#0
3402		CLR						

#6 CLR：通过按下 MDI 面板上的 RESET（复位）键、外部复位信号、复位 & 倒带信号以及紧急停止。

0：置于复位状态。

1：设为清除状态。

	#7	#6	#5	#4	#3	#2	#1	#0
6001		CCV						

#6 CCV：由于切断电源被清除的公共变量#100~#199 通过复位操作。

0：被清除为 < 空 >。

1：不清除为 < 空 >。

三、测试运行

在实际进行加工之前，可以在自动运行下检查所编程序能否按需要操作机器。检测有实际运行机械确认刀具运动和不运行机械观察位置显示变化两种方法。

（一）机床锁住

1. 概要

机床锁住可以保持机械不运动地观察位置显示的变化。将所有轴机床锁住信号 MLK 或者各轴机床锁住信号 MLK1 ~ MLK5 设定为 1 时，进行控制，以便不向伺服电动机输出基于手动或者自动运行的向伺服电动机的输出脉冲（移动指令）。执行分配处理本身，更新绝对坐标位置、相对坐标位置，可通过位置显示来检测指令是否正确。

2. 信号

（1）所有轴机床锁住信号 MLK < Gn044.1 >

分类：输入信号。

功能：将所有控制轴都设定为机床锁住状态。

动作：所有轴机床锁住信号 MLK 为 1 时，进行控制，以便不向伺服电动机输出基于手动或者自动运行的向各轴的输出脉冲（移动指令）。

（2）各轴机床锁住信号 MLK1 ~ MLK5 < Gn108.0 ~ Gn108.4 >　每个控制轴中的信号，信号名称的末尾数字表示控制轴的编号，如图 5-4-2 所示。

分类：输入信号。

功能：将对应的控制轴都设定为机床锁住状态。

动作：各轴机床锁住信号 MLK1 ~ MLK5 为 1 时，进行控

MLK1
1…针对第1轴的机床锁住
2…针对第2轴的机床锁住
3…针对第3轴的机床锁住

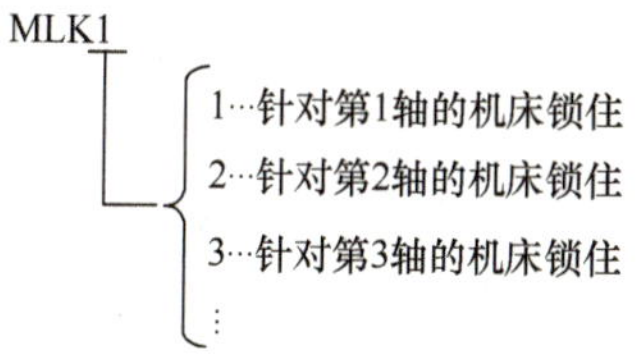

图 5-4-2　各轴机床锁住信号

制，以便不向伺服电动机输出基于手动或者自动运行的向对应轴（第 1 ~ 5 轴）的输出脉冲（移动指令）。

（3）所有轴机床锁住确认信号 MMLK < Fn004.1 >

分类：输出信号。

功能：此信号向 PMC 通知所有轴机床锁住信号的状态。

输出条件：所有轴机床锁住信号 MLK 为 "1" 时，此信号成为 1，所有轴机床锁住信号 MLK 为 0 时，此信号成为 0。

3. 信号地址

	#7	#6	#5	#4	#3	#2	#1	#0
Gn044							MLK	

	#7	#6	#5	#4	#3	#2	#1	#0
Gn108			MLK5	MLK4	MLK3	MLK2	MLK1	

	#7	#6	#5	#4	#3	#2	#1	#0
Fn004							MMLK	

（二）空运行

1. 概要

空运行即忽略程序中所指令的速度，以空运行速度运行机械。空运行在拆除工件只进行刀具运动检测时使用，对自动运行有效。

空运行速度根据参数的设定、手动快速移动选择信号 RT、手动进给速度倍率信号 *JV0～*JV15 以及指令程序段为快速移动指令或是切削进给，在表 5-4-2 中选择。

表 5-4-2 空运行速度

手动快速移动选择信号 RT	程序指令	
	快速移动	切削进给
1	快速移动速度	空运行速度×JVmax（*2）
0	空运行速度×JV，或快速移动速度（*1）	空运行速度×JV（*2）

最大切削进给速度：参数 No.1430 的设定值。

快速移动速度：参数 No.1420 的设定值。

空运行速度：参数 No.1410 的设定值。

JV：手动进给速度倍率。

JVmax：手动进给速度倍率的最大值。

*1：当参数 RDR（No.1401#6）的值为 1 时为空运行速度×JV；其值为 0 时则为快速移动速度。

*2：钳制在最大切削进给速度上。

2. 信号

（1）空运行信号 DRN ＜Gn046.7＞

分类：输入信号。

功能：选择空运行。

动作：空运行信号 DRN 为 1 时，以空运行速度使轴移动；空运行信号 DRN 为 0 时，进行正常运行。

（2）空运行确认信号 MDRN ＜Fn002.7＞

分类：输出信号。

功能：此信号向 PMC 通知空运行信号的状态。

输出条件：空运行信号 DRN 为 1 时成为 1，空运行信号 DRN 为 0 时成为 0。

3. 信号地址

	#7	#6	#5	#4	#3	#2	#1	#0
Gn046	DRN							

	#7	#6	#5	#4	#3	#2	#1	#0
Fn002	MDRN							

4. 相关参数

	#7	#6	#5	#4	#3	#2	#1	#0
1401		RDR	TDR					

#5 TDR：在螺纹切削以及攻螺纹操作中（攻螺纹循环 G74、G84、刚性攻螺纹）设定空运行为有效/无效。

0：有效。

1：无效。

#6 RDR：在快速移动指令中设定空运行为有效/无效。

0：无效。

1：有效。

1410	空运行速度

数据单位：mm/min、in/min、°/min（机械单位）。

数据最小单位：取决于参考轴的设定单位。

数据范围：若是 IS-B，其范围为 0.0～999000.0。

此参数设定 JOG 进给速度指定度盘的 100% 的位置的空运行速度。数据单位取决于参考轴的设定单位。

1420	各轴的快速移动速度

数据单位：mm/min、in/min、°/min（机械单位）。

数据最小单位：取决于该轴的设定单位。

数据范围：若是 IS-B，其范围为 0.0～+999000.0。

此参数为每个轴设定快速移动倍率为 100% 时的快速移动速度。

1430	每个轴的最大切削进给速度

数据单位：mm/min、in/min、°/min（机械单位）。

数据最小单位：取决于该轴的设定单位。

数据范围：若是 IS-B，其范围为 0.0～+999000.0。

此参数为每个轴设定最大切削进给速度。

(三) 单程序段

1. 概要

单程序段对自动运行有效。自动运行中，将单程序段信号 SBK 设定为 1 时，在执行完当前程序段的指令后，成为自动运行停止状态。之后每次自动运行启动时，在执行完一个程序的程序段之后，成为自动运行停止状态。将单程序段信号 SBK 的设定为 0 时，成为正常的自动运行。

用户宏程序语句执行中的单程序段运行，通过参数 SBM（No.6000#5）或 SBV（No.6000#7）的设定，成为以下几种情况。

1）SBM=0，SBV=0：用户宏程序语句中不进行单程序段停止。在执行下一个指令的 CNC 指令后停止。

2）SBM=1：在用户宏程序语句中进行单程序段停止。执行用户宏程序语句一个程序段后停止。

3）SBV=1：用户宏程序语句中，通过宏的系统变量#3003 来抑制单程序段停止。程序段执行后停止用户宏程序语句。

单程序段运行中处在自动运行停止状态时，通过方式选择信号 MD1、MD2、MD4，切换到手动数据输入（MDI）、手控手轮进给（HNDL）/增量进给（INC）、JOG 进给（JOG）的各方式，即可进行各操作。

2. 信号

（1）单程序段信号 SBK < Gn046.1 >

分类：输入信号。

功能：选择单程序段运行。

动作：单程序段信号 SBK 为 1 时，进行单程序段运行。单程序段信号 SBK 为 0 时，进行正常运行。

（2）单程序段确认信号 MSBK < Fn004.3 >

分类：输出信号。

功能：此信号向 PMC 通知单程序段信号的状态。

输出条件：单程序段信号 SBK 为 1 时成为 1，单程序段信号 SBK 为 0 时成为 0。

3. 信号地址

	#7	#6	#5	#4	#3	#2	#1	#0
Gn046							SBK	

	#7	#6	#5	#4	#3	#2	#1	#0
Fn004					MSBK			

4. 相关参数

	#7	#6	#5	#4	#3	#2	#1	#0
6000	SBV		SBM					

#5　SBM：用户宏程序语句。

0：不执行单程序段停止。

1：执行单程序段停止。

利用系统变量#3003 使用户宏程序语句的单程序段无效时，请将该参数设定为 0。将该参数设定为 1 时，就不可利用系统变量#3003 使用户宏程序语句的单程序段无效。利用系统变量#3003 控制用户宏程序语句的单程序段时，请使用参数 SBV（No. 6000#7）。

#7　SBV：用户宏程序语句。

0：不执行单程序段停止。

1：通过系统变量#3003 来控制单程序段停止的有效/无效。

（四）DNC 运行

1. 概要

通过在 DNC 运行方式（RMT）下启动自动运行，即可在从阅读机/穿孔机接口或存储器卡读入程序的同时进行加工（DNC 运行）。

在进行 DNC 运行时，必须预先设定阅读机/穿孔机接口的相关参数。

2. 信号

（1）DNC 运行选择信号 DNCI < Gn043.5 >

分类：输入信号。

功能：选择 DNC 运行方式（RMT）。要选择 DNC 运行方式（RMT），需要选择存储器运行方式（MEM），同时将 DNC 运行选择信号置为 1。

动作：置为 1 时，如果尚未选择存储器运行方式（MEM），予以忽略而没有任何动作。如果已经选择了存储器运行方式（MEM），则选择 DNC 运行方式（RMT），并可以进行 DNC 运行。此时，DNC 运行选择确认信号 MRMT 置为 1。

（2）DNC 运行选择确认信号 MRMT ＜Fn003.4＞

分类：输出信号。

功能：此信号通知已经选定了 DNC 运行方式（RMT）的情况。

输出条件：选择 DNC 运行方式（RMT）时置为 1，DNC 运行方式（RMT）的选择已经结束时置为 0。

3. 信号地址

	#7	#6	#5	#4	#3	#2	#1	#0
Gn043			DNCI					
Fn003				MRMT				

4. 相关参数

	#7	#6	#5	#4	#3	#2	#1	#0
0138	MNC							

#7 MNC：是否从存储卡进行 DNC 运行，或从存储卡进行外部设备子程序调用。

0：不进行。

1：进行（另行需要小型存储卡适配器）。

注意：

1）需要使用小型存储卡适配器并将小型存储卡存放在正面 PCMCIA 插槽内。

2）在执行利用存储卡的 DNC 运行之状态下，不能进行存储卡内的一览显示等向存储卡的存取。

3）无法进行 2 路径中的基于存储卡的 DNC 运行。

4）基于存储卡的 DNC 运行中，请勿进行存储卡的插拔。

5）无法从 DNC 运行程序中调用存储卡内的程序。

6）CNC 画面显示功能的存储卡实用程序中，无法进行 DNC 运行。

	#7	#6	#5	#4	#3	#2	#1	#0
0139								ISO

#0 ISO：作为 I/O 设备选择了存储卡的情况下数据的 I/O。

0：通过 ASCII 代码进行。

1：通过 ISO 代码进行。

注意：

1）输入 ASCII 代码的数据以外的情况下，请将本参数设定为 1 并进行基于 ISO 代码的 I/O。

2）基于 ASCII 代码的数据的 I/O 中，由于没有包含奇偶性信息，在 I/O 中如果发生数据损坏将无法检测，十分危险。

任务五　辅助功能

【任务目标】

1) 掌握执行 M 功能的时序过程。
2) 掌握常用 M 代码。
3) 了解辅助功能锁住的概念及其信号处理方法。

【相关知识】

一、辅助功能介绍

1. 概要

辅助功能（M 代码）指令了跟在地址 M 后面的一个 8 位数的数值，并发出代码信号和选通脉冲信号。这些信号用于机械侧的 ON/OFF 控制。通常，M 代码在 1 个程序段中只有 1 个有效，但是最多可以指令 3 个。此外，可以通过参数 No.3030 指定最大位数，指令超过该最大位数时，会有报警发出。

功能与信号见表 5-5-1，常用 M 代码见表 5-5-2。

表 5-5-1　功能与信号

功能	程序地址	输出信号			输入信号
		代码信号	选通脉冲信号	分配完成信号	完成信号
辅助功能	M	M00~M31	MF	DEN	FIN
主轴功能	S	S00~S31	SF		
刀具功能	T	T00~T31	TF		
第 2 辅助功能	B	B00~B31	BF		

表 5-5-2　常用 M 代码

M 代码	功能	M 代码	功能
M00	程序停止	M07	冷却 1
M01	选择停止	M08	冷却 2
M02	程序停止	M09	冷却停止
M03	主轴顺时针方向旋转	M19	主轴固定位置停止
M04	主轴逆时针方向旋转	M29	刚性攻螺纹
M05	主轴停止	M30	程序结束
M06	换刀		

程序上使用的地址、信号不同，但是信号交换的步骤在所有功能中相同（这里以辅助功能为例进行描述，主轴功能、刀具功能和第 2 辅助功能同理），基本步骤如下。

① 假设在指令程序中指令了 M××。×× 可以通过参数 No.3030~No.3033 为每个功能

指定最大位数，指令超过该最大位数时，会有报警发出。

② 输出代码信号 M00～M31，经过由参数 No.3010 设定的时间 TMF（标准设定为 16ms）后，选通脉冲信号 MF 置为 1。代码信号以二进制来表述程序指令值××。（*1）与辅助功能一起指令了其他功能（移动指令、暂停、主轴功能等）的情况下，同时进行代码信号的输出与其他功能执行的开始。

③ 在 PMC 侧，请在选通脉冲信号置为 1 的时刻读取代码信号，执行对应的动作。

④ 如果希望在相同程序段中指令的移动指令、暂停等的完成后执行对应的动作，请等待分配完成信号 DEN 成为 1。

⑤ 在完成对应的动作时，需要将完成信号 FIN 设定为 1。但是，完成信号在辅助功能、主轴功能、刀具功能、第 2 辅助功能以及另项中说明的外部动作功能等中共同使用。如果这些其他功能同时动作时，则需要在所有功能都已经完成的条件下，将完成信号设定为 1。

⑥ 完成信号在由参数 No.3011 设定的时间 TFIN（标准设定为 16ms）以上保持 1 时，CNC 将选通脉冲信号设定为 0，通知已经接受了完成信号的情况。

⑦ PMC 侧，请在选通脉冲信号置为 0 的时刻，将完成信号设定为 0。

⑧ 完成信号置为 0 时，CNC 将代码信号全都设定为 0，辅助功能的顺序全部完成。

⑨ CNC 等待相同程序段其他指令的完成，进入下一个程序段。

注意：

① 刀具功能的情况下，程序指令值的刀具号的指定部分被作为代码信号发送。

② 主轴功能、刀具功能、第二辅助功能的情况下，代码信号被保持到分别指令了新的代码为止。

以时序图来表示上述情形时，如图 5-5-1 所示。

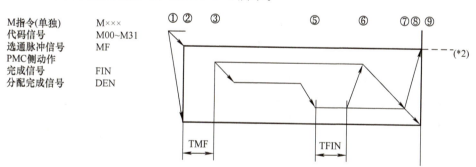

图 5-5-1　辅助功能单独指令时的时序图

2. 信号

（1）完成信号 FIN＜Gn004.3＞　FIN 信号必须在由参数（No.3011）设定的一定时间（TFIN）以上连续保持 1。即使 FIN 信号置为 1，在 TFIN 以内返回 0 时，忽略该 FIN 信号。完成信号在上述各功能中共同而只有一个，所有功能都已经完成的条件下，需要将其设定为 1。

分类：输入信号。

功能：表示已经完成辅助功能、主轴功能、刀具功能、第二辅助功能、外部动作功能。

动作：此信号置为 1 时的控制装置的动作、步骤等，见"基本步骤"所述。

（2）分配结束信号 DEN＜Fn001.3＞

分类：输出信号。

功能：此信号通知向 PMC 侧发送的辅助功能、主轴功能、刀具功能、第二辅助功能等以外的同一程序段内的其他指令（移动指令、暂停等）全都已经完成，处在等待来自 PMC 侧完成信号状态的情况。

输出条件：在辅助功能、主轴功能、刀具功能、第二辅助功能等完成等待的状态下相同程序段的其他指令全都完成并已到位时，置为 1。已经完成 1 个程序段的执行时，置为 0。

（3）M 解码信号 DM00＜Fn009.7＞、DM01＜Fn009.6＞、DM02＜Fn009.5＞、DM30＜Fn009.4＞

分类：输出信号。

功能：此信号通知已经在辅助功能内指令了特定辅助功能的情况。指令程序上的辅助功能与输出信号对应关系见表5-5-3。

输出条件：已经指令对应的辅助功能，并已经完成同一程序段中指令的移动指令、暂停时，置为 1。但是，在移动指令、暂停完成前，返还辅助功能完成信号时不予输出。当 FIN 信号成为 1 时，或执行了复位操作时，置为 0。

表5-5-3 指令程序上的辅助功能与输出信号对应关系

指令程序	输出信号
M00	DM00
M01	DM01
M02	DM02
M30	DM30

（4）辅助功能代码信号 M00～M31＜Fn010～Fn013＞

（5）辅助功能选通脉冲信号 MF＜Fn007.0＞

分类：输出信号。

功能：通知已经指令了辅助功能的情况。

输出条件：输出条件、步骤等见"基本步骤"。

注意：

1) M98，M99，M198 辅助功能、调用子程序的 M 代码（参数 No.6071～6079）以及调用用户宏程序的 M 代码（参数 No.6080～6089），即使已被指令也不会被输出，而只是在控制装置内进行内部处理。

2) 对于辅助功能 M00、M01、M02、M30，不仅输出代码信号和选通脉冲信号，还输出解码信号。

（6）主轴功能代码信号 S00～S31＜Fn022～Fn025＞

（7）主轴功能选通脉冲信号 SF＜Fn007.2＞

分类：输出信号。

功能：此信号通知已经指令了主轴功能的情况。

输出条件：输出条件、步骤等见"基本步骤"。

（8）刀具功能代码信号 T00～T31＜Fn026～Fn029＞

（9）刀具功能选通脉冲信号 TF＜Fn007.3＞

分类：输出信号。

功能：通知已经指令了刀具功能的情况。

输出条件：输出条件、步骤等见"基本步骤"。

3. 信号地址

地址	#7	#6	#5	#4	#3	#2	#1	#0
Gn004					FIN			
Gn005	BFIN							

地址	#7	#6	#5	#4	#3	#2	#1	#0
Fn001					DEN			
Fn007	BF				TF	SF		MF
Fn009	DM00	DM01	DM02	DM30				

1）用加工程序指令 M 功能时，M 代码用 4 字节（32 位）的二进制数输出，见表 5-5-4。

表 5-5-4　M 代码二进制输出

地址	#7	#6	#5	#4	#3	#2	#1	#0
F0010	M07	M06	M05	M04	M03	M02	M01	M00
F0011	M15	M14	M13	M12	M11	M10	M09	M08
F0012	M23	M22	M21	M20	M19	M18	M17	M16
F0013	M31	M30	M29	M28	M27	M26	M25	M24

2）在 M 代码输出后，延迟由参数 3010 所设定的时间，输出 M 代码读取指令 MF 信号。MF 信号表示输出的 M 代码信号已确定，见表 5-5-5。

表 5-5-5　功能与信号

功能	M 功能	S 功能	T 功能
代码寄存器	F10 ~ F13	F22 ~ F25	F26 ~ F29
触发信号	F7.0	F7.0	F7.3
完成信号	G4.3		

4. 相关参数

3010	选通脉冲信号 MF、SF、TF、BF 的延迟时间

数据单位：ms。

数据范围：0 ~ 32767。

此参数设定从 M、S、T、B 代码送出起到送出选通脉冲信号 MF、SF、TF、BF 信号为止的时间。

3011	M、S、T、B 功能结束信号(FIN)的可接受宽幅

数据单位：ms。

数据范围：0 ~ 32767。

此参数设定将 M、S、T、B 功能结束信号（FIN）视为有效的最低信号宽幅。

3030	M代码的允许位数

3031	S代码的允许位数

3032	T代码的允许位数

数据范围：1~8。

此参数设定 M、S、T 代码的允许位数。设定为 0 时，将允许位数视为 8 位。S 代码的允许位数为 1~5 位。参数（No.3031）中设定了 0 的情况下，将允许位数视为 5 位。

	#7	#6	#5	#4	#3	#2	#1	#0
3404			M02	M30				

#4 M30：在存储器运行中指定 M30。

0：在向机械侧发送 M30 的同时自动地进行程序开始位置的检索。因此，在没有进行复位或复位 & 倒带就返回针对 M30 的完成信号 FIN 时，从程序的开始位置再次开始执行。

1：仅向机械侧发送 M30 而不执行程序开始位置的检索（通过复位 & 倒带信号进行程序开始位置的检索）。

#5 M02：在存储器运行中指定 M02。

0：在向机械侧发送 M02 的同时自动地进行程序开始位置的检索。因此，在没有进行复位或复位 & 倒带就返回针对 M02 的完成信号 FIN 时，从程序的开始位置再次开始执行。

1：仅向机械侧发送 M02 而不执行程序开始位置的检索（通过复位 & 倒带信号进行程序开始位置的检索）。

二、辅助功能锁住

1. 概要

辅助功能锁住是指禁止所指令的 M、S、T、B 功能的执行。也就是不予输出代码信号、选通脉冲信号。这一功能可同机床锁住一起用来检查程序。

2. 信号

（1）辅助功能锁住信号 AFL＜Gn005.6＞

分类：输入信号。

功能：选择辅助功能锁住，即不执行所指令的 M、S、T、B 功能。

动作：当信号置为"1"时，控制装置执行如下动作。

① 不执行由存储器运行、DNC 运行或 MDI 运行所指令的 M、S、T、B 功能，即停止代码信号、选通脉冲信号（MF，SF，TF，BF）的输出。

② 已经输出代码信号后，该信号置为 1 时，该输出按照通常方式执行到最后（直到接受完成信号而将选通脉冲信号设定为 0 为止）。

③ 辅助功能中，即使该信号为 1，也执行 M00、M01、M02、M30，并按照通常方式全部输出代码信号、选通脉冲信号、解码信号。

④ 辅助功能中，只在控制装置内部执行和不予输出的功能（M98、M99 等），即使该信

号为 1 也按照通常方式执行。

(2) 辅助功能锁住确认信号 MAFL <Fn004.4>

分类：输出信号。

功能：此信号通知辅助功能锁住信号 AFL 的状态。

输出条件：辅助功能锁住信号 AFL 为 1 时，成为 1；辅助功能锁住信号 AFL 为 0 时，成为 0。

3. 信号地址

	#7	#6	#5	#4	#3	#2	#1	#0
Gn005		AFL						

	#7	#6	#5	#4	#3	#2	#1	#0
Fn004				MAFL				

任务六　主轴速度控制

【任务目标】

1) 掌握主轴速度控制的概念及 S 指令的使用形式。
2) 掌握主轴速度控制信号处理方法。
3) 掌握主轴速度控制相关参数的设定方法。

【相关知识】

1. 概要

指令跟在地址 S 后的最大 5 位数的数值时，发送代码信号和选通脉冲信号，用于主轴的转速控制等。该代码信号在接着指令 S 代码之前被保持下来。S 代码在 1 个程序段只能指令 1 个。

此外，可以通过参数 No.3031 指定最大位数，指令超过该最大位数时，会有报警发出。

作为主轴电动机的控制接口，备有主轴串行输出和主轴模拟输出。串行接口用于连接主轴电动机/放大器，主轴放大器和 CNC 之间进行串行通信，交换转速和控制信号。模拟接口用模拟电压控制主轴电动机转速。主轴串行输出中可以控制最多 3 个（每个路径最多 2 个）串行主轴。使用串行主轴时，将参数 SSN（No.8133#5）设定为 0，并设定参数 A/S（No.3716#0 = 1）。主轴模拟输出可以控制最多 1 个模拟主轴。

主轴旋转控制中的指令的流向如图 5-6-1 所示。

(1) S 指令　S 指令的作用是指定从加工程序等输入的主轴的转速。周速恒定控制（G96 方式中）中，CNC 根据周速的指定值换算为主轴的转速。

M 系列中，在没有周速恒定控制 [SSC（No.8133#0）= 0，GTT（No.3706#4）= 0] 的情况下，根据参数 No.3741、No.3742、No.3743 的设定值和 S 指令值，CNC 侧做出判断，并针对 PMC，指令为获取主轴转速的所需的齿轮级数。

(2) S 代码/SF 信号输出　带有主轴串行输出 [SSN（No.8133#5）= 0] 的情况下，CNC 具有的主轴控制发挥作用，在 CNC 侧内部，将 S 指令值换算为向主轴电动机的输出。进一步

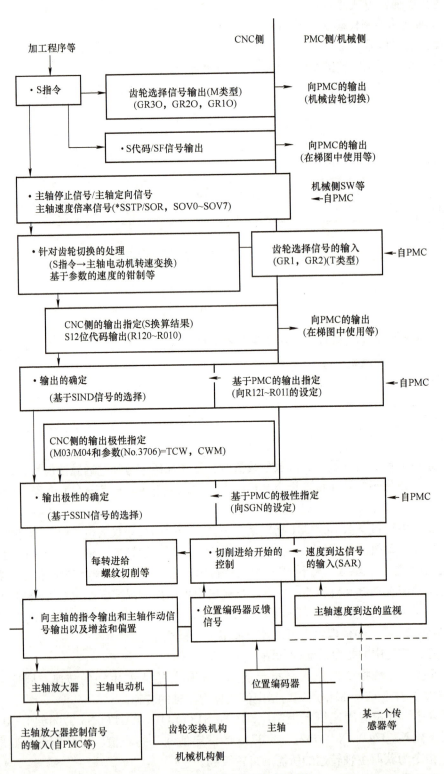

图 5-6-1 主轴转速控制的概略图

地，在没有齿轮切换和周速恒定控制的情况下[SSC（No.8133#0）=0]，针对 S 指令的输入的 S 代码/SF 信号的反应按如下方式变化。

1）M 系列输出 S 代码，只有在 CNC 侧针对 PMC 发出齿轮的切换指示时才输出 SF 信号。

2）T 系列 S 代码和 SF 信号都不予输出。

当处理 PMC 梯形图，需要使用 S 代码/SF 信号时，可设定参数 No.3705。

2. 信号

（1）主轴停止信号（*SSTP） 在 CNC 侧进行主轴转速控制时，若该信号为 0，主轴将进入停止状态。要使向主轴的速度指令有效，请将该信号设定为 1。

（2）主轴定向信号（SOR） 该信号为 1，主轴停止信号为 0 时，以参数 No.3732 中设定的转速使主轴向参数 ORM（No.3706#5）设定的旋转方向旋转。不管齿轮的状态如何，都以一定速度使主轴旋转，所以在机械性主轴定位中，可以将其用于为将打入制动器和销钉的旋转赋予主轴等目的。

此外，M 系列中，通过参数 GST（No.3705#1）的设定，还可以使主轴电动机以一定转速旋转。这种情况下，可将齿轮切换机构部中的旋转速度保持恒定，所以可用于齿轮换档。

（3）主轴速度倍率信号（SOV0~SOV7） 主轴控制中，相对所指令的 S 值，可应用 0~254% 的倍率。但是 CNC 处在如下状态时，主轴倍率无效。

1）攻螺纹循环中（M 系列：G84、G74；T 系列：G84、G88）。

2）螺纹切削方式中（M 系列：G33；T 系列：G32、G92、G76）。

另外，在 CNC 侧进行主轴转速控制的情况下，不使用主轴倍率时，要为主轴倍率设定 100%。

S 指令通过主轴转速而被赋予，但实际进行控制的是主轴电动机。因此，CNC 需要通过某种手段选择齿轮级数。有如下两种齿轮选择方式。

1）M 类型（仅限 M 系列）。对应 S 指令，CNC 基于事先在参数中所设定的各齿轮的转速范围选择齿轮，并根据齿轮选择信号输出（GR3O、GR2O、GR1O）向 PMC 通知要选择的齿轮级数（齿轮至多为 3 级）。此外，CNC 执行对应所选（输出到齿轮选择信号输出）齿轮的主轴速度输出。

2）T 类型。在机械侧作出使用哪个齿轮的决定，向齿轮选择信号输入（GR1、GR2）输入齿轮级数。（齿轮至多为 4 级）CNC 执行对应所输入的齿轮的主轴速度输出。

（4）主轴停止信号 *SSTP <Gn029.6>

分类：输入信号。

功能：停止向主轴的指令输出。

动作：当主轴停止信号置为 0 时，向主轴的指令输出置为 0，作动信号置为 0。此时，不输出 M05。此信号置为 1 时，向主轴的指令输出返回原先的值，作动信号置为 1。不使用本信号时，始终将其设定为 1。当发出 M03、M04、M05 指令时，CNC 只进行代码信号和选通脉冲信号的发送。

（5）主轴定向信号 SOR <Gn029.5> M 系列中通过参数 GST（No.3705#1）指定了主轴转速的情况下，通过输入该信号，CNC 即以由参数 ORM（No.3706#5）设定的输出极性向由参数 No. 3732 所设定的转速所对应的主轴输出指令,但是此时齿轮选择信号不会变化。例如,在选择了高速齿轮的状态下输入该信号时,即使在由参数(No. 3732)设定的值处在低速齿轮的区域的情形下,齿轮信号也原样保持高速齿轮,计算并输出为在高速齿轮上获取规定的主轴转速的指令。通过参数 GST(No. 3705#1)指定了主轴电动机转速时,输出一定的指令输出而与齿轮无关。指定了主轴电动机转速的情况下,可用于齿轮换档。

分类:输入信号。

功能:以一定速度使主轴或主轴电动机旋转的信号。

动作:主轴定向信号为 1,且主轴停止信号为 0 时,向主轴输出以由参数 No. 3732 设定的一定转速使主轴旋转的指令。此外,作动信号也成为 1。该信号在主轴停止信号为 1 时无效。

(6) 主轴速度倍率信号 SOV0 ~ SOV7 < Gn030 >

分类:输入信号。

功能:可相对于指令给 CNC 的 S 指令值,以 1% 为单位,应用 0 ~ 254% 的倍率。

动作:以二进制方式将倍率值设定到 SOV0 ~ SOV7 的 8 位中。

另外,该主轴速度倍率在下列情况下无效,对主轴速度应用 100% 的倍率。

1) 攻螺纹循环(M 系列:G84、G74;T 系列:G84、G88)。

2) 螺纹切削方式(M 系列:G33;T 系列:G32、G92、G76)。

不使用本功能时,请设定 100% 的倍率值(应用 0% 的倍率,主轴不会转动)。

(7) 主轴速度到达信号 SAR < Gn029.4 >

分类:输入信号。

功能:选择切削进给的开始,即该信号为 0 期间,不开始切削进给。

动作:一般情况下,作为向 CNC 通知主轴的转速已经到达指令转速的信号来使用。在这种情况下,利用 PMC 检测实际的主轴转速已经到达指令转速时,请将该信号设定为 1。同时,对于参数 No. 3740,设定开始 SAR 信号检测之前的等待时间,以防止在主轴指令变化之前输入的 SAR 为 1 的条件下发生切削进给。另外,要使用 SAR 信号,需要将参数 SAR(No. 3708#0)设定为 1。CNC 侧的 SAR 信号的检测条件如下。

1) 参数 SAR(No. 3708#0)为"1"的设定

2) 在从快速移动方式转移到切削进给方式后的最初的切削进给(移动指令)的程序段的分配开始前进行检测。在读出切削进给的程序段后,经过由参数 No. 3740 设定的一定时间后进行检测。

3) 在指令 S 代码后的最初的切削进给指令的程序段的分配开始前进行检测。

4) S 代码和切削进给被编程在同一程序段中的情况下,首先输出 S 代码(或者向主轴的指令输出),而后在经过一定时间后检测 SAR。此时若 SAR 已经成为 1,就开始切削进给。

(8) 主轴动作信号 ENB < Fn001.4 >

分类:输出信号。

功能:通知向主轴的指令输出的有无。

输出条件：向主轴的指令输出为 0 时，此信号置为 0；向主轴的指令输出为 0 以外时，此信号置为 1。

由于具有偏置电压，即使指令 S0，主轴也会继续低速旋转，可用该信号作为电动机强制停止的判断依据。

（9）S12 位代码信号 R01O~R12O <Fn036.0~Fn037.3>

分类：输出信号。

功能：将 CNC 侧计算的主轴速度指令值换算为 0~4095 的代码信号。

输出条件：主轴速度指令输出值（CNC 的计算值）和该信号输出值之间的关系如图 5-6-2 所示。

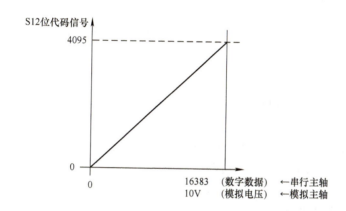

图 5-6-2　主轴速度指令输出值与 S12 位代码信号输出值间的关系

3. 信号地址

	#7	#6	#5	#4	#3	#2	#1	#0
Gn028						GR2	GR1	
Gn029		*SSTP	SOR	SAR				
Gn030	SOV7	SOV6	SOV5	SOV4	SOV3	SOV2	SOV1	SOV0
Fn001				ENB				
Fn007						SF		
Fn022	S07	S06	S05	S04	S03	S02	S01	S00
Fn023	S15	S14	S13	S12	S11	S10	S09	S08

	#7	#6	#5	#4	#3	#2	#1	#0
Fn024	S23	S22	S21	S20	S19	S18	S17	S16
Fn025	S31	S30	S29	S28	S27	S26	S25	S24
Fn034						GR3O	GR2O	GR1O
Fn036	R08O	R07O	R06O	R05O	R04O	R03O	R02O	R01O
Fn037					R12O	R11O	R10O	R09O

4. 相关参数

	#7	#6	#5	#4	#3	#2	#1	#0
3705		SFA		EVS	SGT	SGB		ESF
		SFA	NSF		SGT	SGB	GST	ESF

#0　ESF：带有周速恒定控制功能[SSC（No. 8133#0）=1]或参数 GTT（No. 3706#4）=1 的情况下，输出信号。

0：对所有的 S 指令，输出 S 代码和 SF。

1：T 系列情况下，对于周速恒定控制（G96）方式中的 S 指令、主轴最高转速钳制指令的 S 指令，不会输出 S 代码和 SF。M 系列情况下，对于周速恒定控制（G96）方式中的 S 指令，不会输出 S 代码和 SF。

#1　GST：根据 SOR 信号输出相应信号。

0：进行主轴定向。

1：进行齿轮换档。

#2　SGB：齿轮切换方式。

0：根据参数 No. 3741～No. 3743（对应于各齿轮的最大转速）进行齿轮的选择（方式 A）。

1：根据参数 No. 3751～No. 3752（各齿轮切换点的主轴速度）进行齿轮选择（方式 B）。

#3　SGT：攻螺纹循环时（G84、G74）设置齿轮切换方式。

0：方式 A。

1：方式 B。

#4　EVS：是否对 S 指令输出 S 代码和 SF。

0：不予输出。

1：予以输出。

对周速恒定控制（G96）方式中的 S 指令和主轴最高转速钳制指令（G50　S××；）时的 S 指令是否输出 S 代码和 SF，取决于参数 ESF（No. 3705#0）的设定。

#5　NSF：M 系列的情况下，在选定了 T 类型齿轮时[GTT（No. 3706#4）=1 或 SSC（No. 8133#0）=1]时，指令 S 代码。

0：输出 SF。

1：不输出 SF。

#6 SFA：输出 SF 信号。

0：限于齿轮切换的时候。

1：即使没有齿轮切换也输出。

3706	#7	#6	#5	#4	#3	#2	#1	#0
	TCW	CWM	ORM		PCS	MPA		
	TCW	CWM	ORM	GTT		MPA		

#2 MPA：在多主轴控制中，当设定了通过地址 P 来选择主轴[MPP(No.3703#3)=1]时，在没有随同 S 指令指定 P 指令的情况下，输出信号。

0：发出报警（PS5305）。

1：使用由 S_ P_；所指定的最后的 P 指令。通电后，在一次也没有指定 P 指令的情况下，使用参数 No.3775 的值。

#3 PCS：2 路径系统中，各路径中多主轴控制有效的情况下，位置编码器选择信号（PC2SLC＜Gn028.7＞）。

0：使用通过路径间主轴反馈选择信号所选的路径侧的信号。

1：使用本地路径侧的信号。

#4 GTT：主轴齿轮选择方式。

0：M 类型。

1：T 类型。

#5 ORM：主轴定向时的电压的极性。

0：正极。

1：负极。

#6 CWM。

#7 TCW：主轴速度输出时的电压的极性，按照表 5-6-1 指定。

表 5-6-1 主轴速度输出时的电压的极性

TCW	CWM	电压的极性
0	0	M03、M04 均为正
0	1	M03、M04 均为负
1	0	M03 为正，M04 为负
1	1	M03 为负，M04 为正

3708	#7	#6	#5	#4	#3	#2	#1	#0
		TSO					SAT	SAR
		TSO						SAR

#0 SAR：是否检测主轴速度到达信号（SAR）。

0：不进行检测。

1：进行检测。

#1 SAT：在开始执行螺纹切削的程序段，是否检测主轴速度到达信号。

0：是否进行检测，取决于参数 SAR（No.3708#0）。

1：必须进行检测而与参数 SAR（No.3708#0）设定无关。

#6　TSO：螺纹切削、攻螺纹循环中的主轴倍率。

0：无效（被固定在100%上）。

1：有效。

3716	#7	#6	#5	#4	#3	#2	#1	#0
								A/Ss

#0　A/Ss：主轴电动机的种类。

0：模拟主轴。

1：串行主轴。

3717	各主轴的主轴放大器号

数据范围：0～最大控制主轴数。

0：放大器尚未连接。

1：使用连接于1号放大器号的主轴电动机。

2：使用连接于2号放大器号的主轴电动机。

3：使用连接于3号放大器号的主轴电动机。

4019	#7	#6	#5	#4	#3	#2	#1	#0
	PLD							

#7　PLD：在串行主轴中，是否在通电时自动设定主轴放大器的参数。

0：不予自动设定。

1：予以自动设定。

设定完主轴电动机型号代码的参数后，将此参数设定为1时，在下次通电时，在参数中设定适合电动机型号的标准值而本参数置为0。

4133	主轴电动机型号代码

数据范围：0～32767。

项目六 数据备份与恢复

任务一 BOOT 画面数据备份与恢复

【任务目标】

1）明确系统数据备份的作用。
2）掌握 BOOT 画面数据备份与恢复的方法。

【相关知识】

1. 概述

在机床所有参数调整完成后,需要对参数等数据进行备份并存档,以便于机床出故障时进行数据恢复。

2. CNC 数据类型

CNC 中保存的数据类型和保存方式见表 6-1-1。

表 6-1-1 CNC 中保存的数据类型和保存方式

数据类型	保存在	来源	备注
CNC 参数	SRAM	机床厂家提供	必须保存
PMC 参数	SRAM	机床厂家提供	必须保存
梯形图程序	FROM	机床厂家提供	必须保存
螺距误差补偿	SRAM	机床厂家提供	必须保存
加工程序	SRAM	最终用户提供	根据需要保存
宏程序	SRAM	机床厂家提供	必须保存
宏编译程序	FROM	机床厂家提供	如果有保存
C 执行程序	FROM	机床厂家提供	如果有保存
系统文件	FROM	FANUC 提供	不需要保存

注:FANUC 系统文件虽然不需要备份,也不能轻易删除,因为有些系统文件一旦删除,即使原样恢复也会出现系统报警而导致系统停机,因此不要轻易删除系统文件。

3. 操作步骤

建议使用存储卡进行数据备份,存储卡一般使用 CF 卡 + PCMCIA 适配器。

(1) 参数设定 见表 6-1-2。

表 6-1-2 参数设定

参数号	设定值	说明
20	4	使用存储卡作为输入/输出设备

（2）SRAM 数据备份

1）正确插上存储卡。

2）开机前按住显示器下面最右边两个软键（或者 MDI 的数字键 6 和 7），如图 6-1-1 所示。

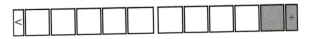

图 6-1-1　显示器下面最右边两个软键

无论是 12 软键还是 7 软键，都是按住最右边两个软键，直到显示出 BOOT 画面，如图 6-1-2 所示，再松开软键。

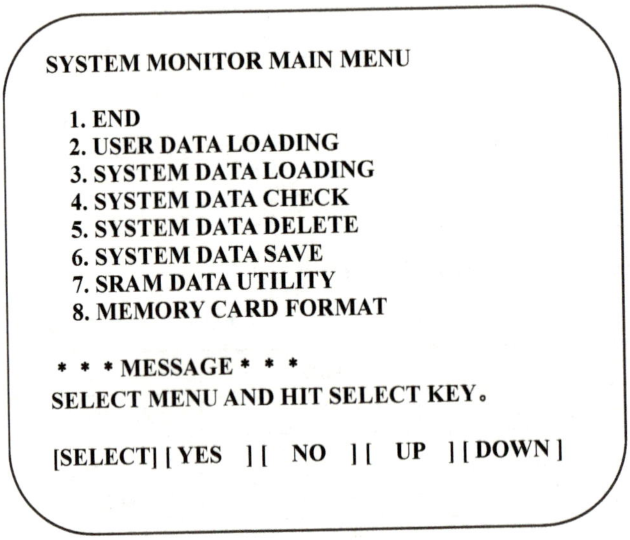

```
SYSTEM MONITOR MAIN MENU

1. END
2. USER DATA LOADING
3. SYSTEM DATA LOADING
4. SYSTEM DATA CHECK
5. SYSTEM DATA DELETE
6. SYSTEM DATA SAVE
7. SRAM DATA UTILITY
8. MEMORY CARD FORMAT

* * * MESSAGE * * *
SELECT MENU AND HIT SELECT KEY。

[SELECT] [ YES  ] [  NO  ] [  UP  ] [ DOWN ]
```

图 6-1-2　BOOT 画面

BOOT 的系统监控功能见表 6-1-3。

表 6-1-3　BOOT 的系统监控功能

序号	内容	功能
1	END	结束系统监控
2	USER DATA LOADING	把存储卡中的用户文件读出来，写入 FLASH ROM 中
3	SYSTEM DATA LOADING	把存储卡中的系统文件读出来，写入 FLASH ROM 中
4	SYSTEM DATA CHECK	显示写入 FLASH ROM 中的文件
5	SYSTEM DATA DELETE	删除 FLASH ROM 中的顺序程序和用户文件
6	SYSTEM DATA SAVE	把写入 FLASH ROM 中的顺序程序和用户文件用存储卡一次性备份
7	SRAM DATA UTILITY	把存储于 SRAM 中的 CNC 参数和加工程序用存储卡备份/恢复
8	MEMORY CARD FORMAT	进行存储卡格式化

3）按下软键【UP】或【DOWN】,把光标移动到"7. SRAM DATA UNILITY"。
4）按下软键【SELECT】。显示 SRAM 数据备份画面,如图 6-1-3 所示。

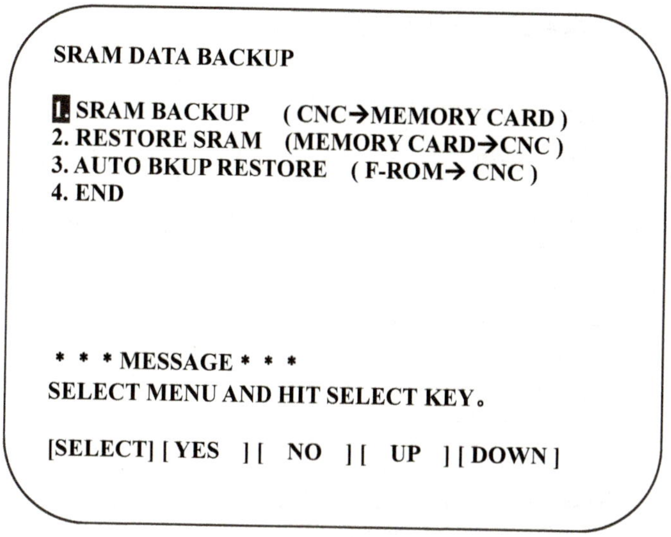

```
SRAM DATA BACKUP

1. SRAM BACKUP      ( CNC→MEMORY CARD )
2. RESTORE SRAM     ( MEMORY CARD→CNC )
3. AUTO BKUP RESTORE ( F-ROM→CNC )
4. END




* * * MESSAGE * * *
SELECT MENU AND HIT SELECT KEY。

[SELECT] [ YES ] [ NO ] [ UP ] [DOWN]
```

图 6-1-3　SRAM 数据备份画面

5）按下软键【UP】或【DOWN】,选择备份方式,选定后,按下软键【SELECT】。
① 使用存储卡备份数据:SRAM BACKUP。
② 向 SRAM 恢复数据:RESTORE SRAM。
③ 自动备份数据的恢复:AUTO BKUP RESTORE。
6）按下软键【YES】,执行数据的备份和恢复。执行"SRAM BUCKUP"时,如果在存储卡上已经有了同名的文件,会询问"OVER WRITE OK?",可以覆盖时,按下软键【YES】继续操作。
7）执行结束后,显示"…COMPLETE. HIT SELECT KEY"信息。按下软键【SELECT】,返回主菜单。
8）按下软键【SELECT】确认,再按【UP】或【DOWN】,把光标移动到"END",按软键【SELECT】确认,再按软键【YES】,退出 BOOT 初始页面,完成数据备份,此时数控系统开始正常启动。

任务二　文本格式的系统参数备份

【任务目标】

1）了解系统参数的输出形式。
2）掌握文本格式的系统参数备份方法。

FANUC数控系统连接与调试实训

【相关知识】

1. CNC 参数的输出

系统参数可以进行文本格式的输出，操作步骤如下：

① 解除急停。

② 在机床操作面板上选择方式为 EDIT（编辑）。

③ 依次按下功能键 [SYSTEM]、软键 [参数]，出现参数画面，如图 6-2-1 所示。

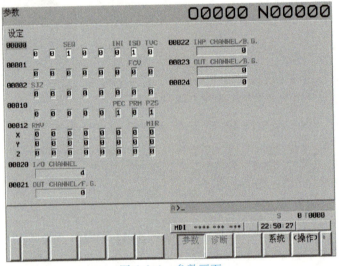

图 6-2-1 参数画面

④ 依次按【操作】→【文件输出】→【全部】→【执行】，CNC 参数被输出。输出文件名为"CNC – PARA. TXT"。

2. 螺距误差补偿的输出

① 按下功能键【SYSTEM】，再按【+】→【螺补】，显示"螺距误差补偿"页面，如图 6-2-2 所示。

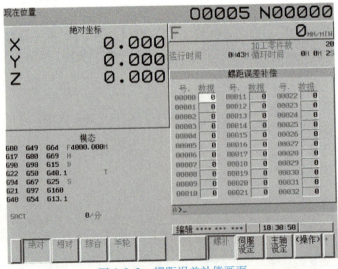

图 6-2-2 螺距误差补偿画面

② 依次按【操作】→【+】→【文件输出】→【执行】，输出螺距误差补偿量。输出的文件名为"PITCH.TXT"。

3. 刀具补偿量的输出

① 按下操作面板的功能键【OFS/SET】。

② 按下【刀偏】，出现"刀偏"页面。

③ 依次按【操作】→【文件输出】→【执行】，输出刀偏量。输出的文件名为"TOOL OFST.TXT"。

4. 用户宏变量的变量值输出

选择了附加用户宏变量功能后，可以保存变量号#500以后的变量。

① 按下功能键【OFS/SET】。

② 依次按【+】→【宏变量】，出现"用户宏程序"页面。

③ 依次按【操作】→【+】→【文件输出】→【执行】，输出用户宏变量。输出的文件名为"MACRO.TXT"。

5. 加工程序的输出

① 按下功能键【PROG】，再按【列表】，显示"程序目录"页面。

② 依次按【操作】→【文件输出】。

③ 从MDI键盘上输入保存到存储卡中的文件名称，按【F名称】。

④ 从MDI键盘上输入要输出的程序号，单击【O设定】。

⑤ 按【执行中】，输出加工程序。

⑥ 按下功能键【SYSTEM】，再按【+】两次→【所有I/O】→【参数】，显示"输入/输出（程序）"页面，存储卡中的文件全部显现出来。

注意：

1）输出文本格式文件，可以用计算机编辑器显示文件内容或者进行编辑。

2）进行加工程序的编辑以及数据的输入输出等操作时要在EDIT方式下进行。

3）CNC处于报警状态下也能进行数据输出。不过，在输入数据时如果发生报警，虽然参数等可以输入，但是不能输入加工程序。

任务三　PMC参数和程序的备份

【任务目标】

1）了解PMC I/O画面操作。

2）掌握进入系统后PMC参数和程序的备份方法。

【相关知识】

1. PMC参数的输出

按下功能键【SYSTEM】，再按【+】三次，然后依次按【PMC维护】→【+】→【I/O】，显示"PMC数据输入/出"页面，如图6-3-1所示。

输出PMC参数时，按照如下设定。

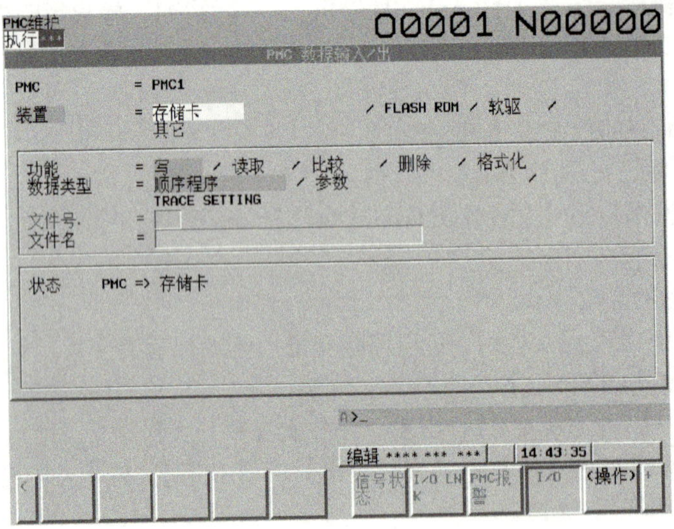

图 6-3-1 "PMC 数据输入/出"画面

装置：存储卡。
功能：写。
数据类型：参数。
文件名：(*标准)或自行输入。
【操作】→【执行】，输出 PMC 参数。
输出 PMCn_PRM.00（n 为 PMC 号，后缀名为文件号）或者自行设定的数字，如图 6-3-2 所示。

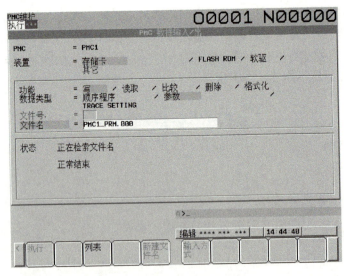

图 6-3-2 PMC 参数备份设置画面

2. PMC 程序的保存

进入 PMC 画面以后，按软键【I/O】，在数据类型中选择"顺序程序"，把顺序程序传出，如图 6-3-3 所示。

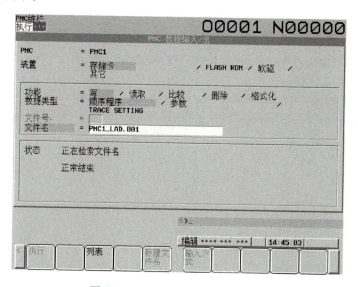

图 6-3-3 PMC 程序备份设置画面

按照上述每项设定，按【执行】，则 PMC 梯形图按照"PMC1_LAD.001"名称保存到存储卡上。

参 考 文 献

[1] 周兰,陈少艾. FANUC 0i-D/0i Mate-D 数控系统连接调试与 PMC 编程 [M]. 北京:机械工业出版社,2015.
[2] 劭泽强,李坤. 数控机床电气线路装调 [M]. 2版. 北京:机械工业出版社,2015.
[3] 黄文广,劭泽强,韩亚兰. FANUC 数控系统连接与调试 [M]. 北京:高等教育出版社,2011.

FANUC 0i – D
数控系统实训手册

班级_____

姓名_____

学号_____

机械工业出版社

目 录

实训一　FANUC 0i–D 数控系统的组成认知 …………………………………………… 1
实训二　FANUC 0i–D 数控系统的硬件连接 …………………………………………… 3
实训三　FANUC 0i–D 数控系统的基本操作 …………………………………………… 5
实训四　FANUC 0i–D 数控系统基本参数设定 ………………………………………… 7
实训五　FANUC 0i–D 数控系统伺服参数设定 ………………………………………… 9
实训六　FANUC 0i–D 数控系统主轴参数设定 ………………………………………… 11
实训七　FANUC 0i–D 数控系统参数的综合设定 ……………………………………… 13
实训八　数控机床用 PMC 认知 …………………………………………………………… 16
实训九　PMC 基本操作 …………………………………………………………………… 18
实训十　I/O Link 地址分配 ……………………………………………………………… 20
实训十一　FANUC LADDER–Ⅲ软件的使用 …………………………………………… 22
实训十二　数控系统典型控制功能的 PMC 编程与调试 ……………………………… 25
实训十三　机床运行准备信号的确认 …………………………………………………… 28
实训十四　参考点的建立与调整 ………………………………………………………… 31
实训十五　数据备份与恢复 ……………………………………………………………… 33

实训一 FANUC 0i–D 数控系统的组成认知

班级_____姓名_____学号_____

一、实训目的

1) 了解现有设备的数控系统配置情况,且能对系统配置进行功能阐述。
2) 掌握 FANUC 数控系统的硬件组成及各自作用、特点。

二、实训设备

实训车间或实训室现有的配置 FANUC 系统的实训装置或数控机床。

三、实训内容及要求

1) 通过查看实训设备的系统配置,填写实训表 1-1。

实训表 1-1 数控系统配置表

名称	型号	规格	功能
CNC			
电源模块			
伺服放大器			
主轴放大器			
I/O 单元			
伺服电动机			
主轴电动机			

2) 根据现有实训设备,通过现场收集资料、查阅教材、产品说明书等文件,填写完成实训表 1-2。

实训表 1-2 FANUC 0i–D 系列 CNC 控制器的主要规格

型号	0i–MD	0i–TD	0i–Mate–MD	0i–Mate–TD
最多控制轴数				
最多同时控制轴数				
最多控制通道数				
通道内最多控制轴数				
控制主轴数				

（续）

型号	0i – MD	0i – TD	0i – Mate – MD	0i – Mate – TD
PMC 规格				
PMC 最大容量				
最大 I/O 点数				
应用机床				

3）列举 CNC 控制器上的端口名称。

四、成绩评定

实训任务完成情况总体评价及综合成绩评定
实训成绩＿＿＿＿＿＿＿ 教师签名＿＿＿＿＿＿＿

实训二　FANUC 0i–D 数控系统的硬件连接

班级_____姓名_____学号_____

一、实训目的

1）了解 FANUC 0i–D 系列数控系统的硬件结构及典型部件控制对象。

2）根据实训设备上的 FANUC 0i–D 数控系统的硬件组成，了解并掌握 CNC 与伺服、主轴、I/O 模块之间的连接，熟悉系统的硬件端口与外设之间的连接，并了解当通信连接不正常的情况下，系统的报警显示。

二、实训设备

实训车间或实训室现有的配置 FANUC 0i–D 系统的实训台（装置）或数控机床。

三、实训内容及要求

1）数控系统硬件连接。关闭实训台总电源开关，使实训台处于断电状态。根据实训预习及讲述的内容，结合实训台设备，依次进行下面单元的硬件连接。

① CNC 基本单元的连接。
② MDI 单元的连接。
③ I/O 单元的连接。
④ 电源模块的连接。
⑤ 伺服模块的连接。
⑥ 主轴模块的连接。
⑦ 伺服电动机的连接。

在进行各单元连接时，要认真检查连接的端口，电缆插头上的标号等要与综合连接图一致。连接完成后，小组同学须互相检查确认并报告指导教师，系统方可上电，上电后观察系统显示状态、有无报警，如有报警记录报警信息。

实训结束后，关闭实训台总电源，做好清洁整理工作。

2）结合实训设备，填写实训表 2-1，列出伺服放大器接口名称，并描述其功能。

实训表 2-1　伺服放大器接口名称及功能

序号	名　　称	功　　能
1		
2		
3		

(续)

序号	名　称	功　能
4		
5		
6		
7		
8		
9		
10		
11		
12		
13		

3）结合实训设备，填写实训表 2-2，描述 I/O 单元接口的功能。

实训表 2-2　I/O 单元接口及功能

序号	名　称	功　能
1	CP1	
2	CB104/CB105/CB106/CB107	
3	JA3	
4	JD1B	

4）接线完成后，通电，观察是否有报警，如有报警，填写实训表 2-3。

实训表 2-3　硬件连接出现的问题及解决方法

序号	报警现象或出现的问题	解决方法
1		
2		
3		

四、成绩评定

实训任务完成情况总体评价及综合成绩评定
    实训成绩＿＿＿＿＿＿ 教师签名＿＿＿＿＿＿

实训三　FANUC 0i–D 数控系统的基本操作

　　　　班级_____姓名_____学号_____

一、实训目的

1）熟悉并掌握 FANUC 0i–D 数控系统的基本操作。
2）掌握机床操作面板各按键功能。

二、实训设备

实训车间或实训室现有的配置 FANUC 0i–D 系统的实训台（装置）或数控机床。

三、实训内容及要求

根据实训设备，按照实训预习及讲述的内容，在该实训设备进行实操练习。

1）急停控制。系统正常上电后，按下急停按钮，数控系统出现"EMG"急停报警，各功能运行停止；松开急停按钮，数控系统报警取消，各功能运行正常。

2）手动（JOG）操作。

① 在机床操作面板上选择工作方式为"JOG"方式，启动手动运行方式。

② 再按"+Z""-Z""+X""-X""+Y""-Y"方向键，使 Z 轴、X 轴、Y 轴正向移动或反向移动。

③ 在 X 轴、Y 轴或 Z 轴移动过程中，调节进给倍率波段开关，观察各进给轴转速的变化是否符合倍率关系。

④ 按下"X 轴选"键，再同时按下 X 轴正方向键和快速倍率键，使 X 轴向正方向快速运行，通过在快速倍率 F0、25%、50%、100%之间切换，观察 X 轴运行速度的变化情况；当选择 F0 时是以内部参数 1421 设定的 F0 的速度运行，其他三档是以快速运行 100%的参数 1424 设定值的倍数关系运行。

3）返回参考点操作。在机床操作面板上选择工作方式为返回参考点方式（"REF"方式），进行手动返回参考点操作。返回参考点前，在 JOG 方式下，将 X 轴、Y 轴、Z 轴的位置移动到行程中间位置，执行手动返回参考点操作，X 轴、Y 轴、Z 轴的位置移动到参考点后停止，观察显示器上各轴的位置显示数值变化。

4）手轮进给。在机床操作面板上选择工作方式为"手轮"方式，然后将轴选波段开关旋至"X 轴"键，再将倍率选波段开关旋至"×1"键，拨动手轮移动 1 格刻度，数控系统上 X 轴的坐标增或减 0.001，即 X 轴运行 0.001mm，切换到"×10"档，拨动手轮移动 1 格刻度，数控系统上 X 轴的坐标增或减 0.01，即 X 轴运行 0.01mm，切换到"×100"档，拨动手轮移动 1 格刻度，数控系统上 X 轴的坐标增或减 0.1，即 X 轴运行 0.1mm，注意观察

X 轴运行情况。

同理，按下"Y 轴选"或"Z 轴选"键，重复上述操作。

5）MDI 运行。在机床操作面板上选择工作方式为"MDI"方式。按【PROG】键，输入"G00X – 10. Y – 15. Z – 15.",按【EOB】键，按【INSERT】键插入，再按"循环启动"按钮，执行程序，各轴将快速移动到指定的位置。

输入"M03S600;"，按【INSERT】键插入，输入"G01X – 20. Y – 25. Z – 25.;"，按【INSERT】键插入，再按"循环启动"按钮，执行程序，主轴运行，各轴进行直线插补移动到指定的位置，同时观察 X 轴和 Z 轴是否同时到达目标位置。

6）手动方式下主轴运行。手动方式下，主轴按上一次运行的速度运行，所以在运行主轴前，应先在 MDI 方式下，以一定的转速运行主轴。例如，输入"M03S600;"，按【INSERT】键插入，再按"循环启动"按钮，执行程序，主轴以 S600 的速度运行。按主轴正转键，主轴以上一次的速度（S600）正转，旋转主轴倍率开关，观察主轴转速的变化；按主轴停止键，主轴停止；按主轴反转键，主轴反转运行。

7）总结实训进行的具体操作，填写实训表 3-1。

实训表 3-1　数控系统操作记录表

序号	运行方式	运行速度	运行方法
1	JOG		
2	HOME		
3	手轮		
4	MDI		
5	主轴		

四、成绩评定

实训任务完成情况总体评价及综合成绩评定
    实训成绩_____ 教师签名_____

实训四　FANUC 0i–D 数控系统基本参数设定

班级_____姓名_____学号_____

一、实训目的

1）了解 FANUC 数控系统的参数输入方法。
2）熟悉 FANUC 数控系统的参数设定步骤。
3）掌握机床运行所需设定的基本参数。

二、实训设备

实训车间或实训室现有的配置 FANUC 0i–D 系统的实训台（装置）或数控机床。

三、实训内容及要求

1）进行解除参数写保护操作，填写实训表 4-1。

实训表 4-1　参数写保护的解除

解除参数写保护的操作方法	
100#报警含义	
消除 100#报警的两种方法	方法 1：
	方法 2：

2）进行轴参数设定。设置实训表 4-2 所列参数，并写出所设置参数含义。

实训表 4-2　基本参数设定

基本参数	设定值	含　义
1020		
1023		
1825		
1826		

（续）

基本参数	设定值	含　义
1829		
1828		
1410		
1420		
1423		
1424		
1425		
1428		
1430		
1320		
1321		
3716		
3717		

四、成绩评定

实训任务完成情况总体评价及综合成绩评定

实训成绩_____

教师签名_____

实训五　FANUC 0i – D 数控系统伺服参数设定

班级_____姓名_____学号_____

一、实训目的

1）掌握 FANUC 数控系统 FSSB 的设定方法。
2）掌握伺服放大器轴的设定方法。
3）掌握伺服参数初始化的设定方法。
4）掌握柔性齿轮比参数的设定方法。

二、实训设备

实训车间或实训室现有的配置 FANUC 0i – D 系统的实训台（装置）或数控机床。

三、实训内容及要求

1）根据实训设备数控系统配置情况，进行 FSSB 的设定，并写出 FSSB 设定步骤。

2）进行伺服放大器和伺服轴设定，并写出设定方法。

3）根据实训设备进给传动结构，计算柔性齿轮比，写出参数的计算过程。

4）进行伺服参数的初始设定，并填写实训表 5-1。

实训表 5-1　伺服参数的初始设定

项　目	参数号	设定值	参数含义
初始化设定位			
电动机代码			
AMR			
指令倍乘比			
柔性齿轮比			
方向设定			
速度反馈脉冲数			
位置反馈脉冲数			
参考计数器容量			

四、成绩评定

实训任务完成情况总体评价及综合成绩评定

实训成绩＿＿＿＿＿＿

教师签名＿＿＿＿＿＿

实训六　FANUC 0i–D 数控系统主轴参数设定

班级_____姓名_____学号_____

一、实训目的

1) 熟悉 FANUC 数控系统伺服主轴参数的输入方法。
2) 熟悉 FANUC 数控系统主轴参数的设定步骤。
3) 掌握主轴运行所需设定的主要参数。
4) 正确理解主轴电动机型号、电动机代码及其与主轴放大器的匹配关系。

二、实训设备

实训车间或实训室现有的配置 FANUC 0i–D 系统的实训台（装置）或数控机床。

三、实训内容及要求

1) 写出进入"主轴设定"界面进行主轴参数设定步骤及主轴参数初始化方法。

2) 进行主轴相关参数设定，填写实训表 6-1。

实训表 6-1　主轴设定相关参数表

参数号	设定值	简要说明
3716#0		
3717		
4019#7		
8133#5		
4133		
3741		
4020		
4002#0		
4002#1		
4002#2		
4002#3		
4001#4		

3）主轴参数设定过程中，如出现报警等问题，填写实训表 6-2。

实训表 6-2　主轴参数设定过程中出现的问题及解决方法

序号	报警现象或出现的问题	解决方法
1		
2		
3		

4）修改参数进行主轴旋转方向的调整，完成后填写实训表 6-3。

实训表 6-3　主轴旋转方向参数设定

3706#7 设定值	3706#6 设定值	MDI 方式下运行 "M03 S300;"，观察并记录主轴旋转方向
1	0	
1	1	

四、成绩评定

实训任务完成情况总体评价及综合成绩评定

实训成绩_____

教师签名_____

实训七　FANUC 0i–D 数控系统参数的综合设定

班级_____姓名_____学号_____

一、实训目的

1) 熟悉 FANUC 数控系统上电参数全部清除的操作方法。
2) 掌握 FANUC 数控系统参数综合设定的操作步骤及方法。
3) 掌握参数设定过程中常见报警的解决办法。
4) 掌握 FANUC 数控系统相关参数的调整、优化方法。

二、实训设备

实训车间或实训室现有的配置 FANUC 0i–D 系统的实训台（装置）或数控机床。

三、实训内容及要求

1) 数控系统进行上电参数全部清除，填写实训表 7-1。

实训表 7-1　数控系统上电参数清除步骤及报警

上电全部清除参数操作步骤	
上电全清参数后显示的报警号及报警内容	

2) 按步骤设置参数并填写实训表 7-2～实训表 7-8。

实训表 7-2　系统单位参数

参数号	参数含义	备注	状态观察
No1001#0			观察坐标画面下小数点位数变化
No1006#3			
No1013#0～#3			观察坐标画面下小数点位数变化

实训表 7-3 轴属性参数

参数号	参数含义	备注	状态观察
No1020			观察坐标画面名称变化
No1000#0			
No1025			观察坐标画面名称变化,同时在程序中实验其编程格式
No1026			
No1022			

实训表 7-4 回转轴参数

参数号	参数含义	备注	状态观察
No1006#0			
No1008#0			移动轴显示坐标观察,"0→359.999→0"
No1008#1			
No1260			

实训表 7-5 软限位参数

参数号	参数含义	备注	状态观察
No1320			正限位报警号 OT＿＿＿,OT＿＿＿
No1321			负限位报警号 OT＿＿＿
No1300#6			设定软限位为负行程,关开机实验参数效果。

实训表 7-6 与伺服相关参数

参数号	参数含义	备注	状态观察
No1815#1			
No1815#5			设定1后,关开机后系统报警显示 SV＿＿＿＿
No1825			
No1828			
No1829			
No1410			不设时,自动运行报警显示 ALM＿＿＿＿
No1420			
No1421			运行时倍率开关设定 100%时,相应模式下观察速度显示
No1423			
No1424			

实训表 7-7 与显示相关参数

参数号	参数含义	备注	状态观察
No3105#0			观察位置画面下的显示变化
No3105#2			

实训表 7-8　关于屏蔽伺服的设定及 PMC 信号参数

参数号	参数含义	备注	状态观察
No1023			观察报警画面涉及伺服报警显示的变化
No3003#0、#2、#3			观察轴名称字符的变化，以及是否可以运行
No3004#5			可屏蔽掉硬超程报警 OT ＿＿＿＿＿＿，OT ＿＿＿＿＿＿

3）参数设定过程中，记录出现的报警等问题，填写实训表 7-9。

实训表 7-9　参数设定过程中出现的问题及解决方法

序号	报警现象或出现的问题	解决方法
1		
2		
3		
4		
5		
6		
7		
8		
9		
10		

四、成绩评定

实训任务完成情况总体评价及综合成绩评定
实训成绩＿＿＿＿＿＿ 教师签名＿＿＿＿＿＿

实训八　数控机床用 PMC 认知

班级_____姓名_____学号_____

一、实训目的

1）了解 PMC 的基本结构。
2）掌握 PMC 的工作原理。
3）了解 FANUC 0i-D 系列 PMC 的基本规格。
4）理解并掌握 PMC 与外部信号的交换过程，熟悉 PMC 程序结构及工作过程。

二、实训设备

实训车间或实训室现有的配置 FANUC 0i-D 系统的实训台（装置）或数控机床。

三、实训内容及要求

1）画图说明 PMC 与 CNC、PMC 与 MT 之间的信号交换关系及不同信号的传递方向。

2）针对实训设备，画图说明 PMC、CNC 各自的控制对象。

3）认知 PMC 的组成，填写实训表 8-1。

实训表 8-1 PMC 的组成

PMC 资料	组成
PMC 顺序程序	
PMC 参数	
信息	

4）认知 PMC 地址，填写实训表 8-2。

实训表 8-2 PMC 地址及说明

地址	信号类型	备 注
X		
Y		
F		
G		
R		
A		
C		
K		
T		
D		
L		—
P		—

四、成绩评定

实训任务完成情况总体评价及综合成绩评定
实训成绩_____ 教师签名_____

实训九　PMC 基本操作

班级_____姓名_____学号_____

一、实训目的

1）认知 FANUC 0i–D 系列 PMC 画面的菜单结构。
2）掌握 PMC 维修与监控操作方法，包括 PMC 信号状态监控、I/OLink 监控、PMC 报警监控及 I/O 监控。
3）掌握 PMC 参数设定方法。
4）掌握 PMC 列表界面的显示方法。
5）掌握 PMC 梯形图的显示和编辑方法。

二、实训设备

实训车间或实训室现有的配置 FANUC 0i–D 系统的实训台（装置）或数控机床。

三、实训内容及要求

1）PMC 信号状态监控。操作机床操作面板工作方式按钮时，监控按钮的 X 地址、按钮指示灯 Y 地址的状态变化，填写实训表 9-1。

实训表 9-1　工作方式按钮对应的 X、Y 地址

工作方式按钮	MEM（自动）	EDIT（编辑）	MDI（手动数据输入）	REF（手动回参考点）	JOG（手动进给）	HAND（手轮进给）
按钮对应的 X 地址						
按钮指示灯对应的 Y 地址						

2）定时器 T、计数器 C 设定。查找实训设备的 PMC 程序使用的定时器和计数器，将查询结果填入实训表 9-2 中。

实训表 9-2　实训设备定时器和计数器设定值

定时器 T	设定值	计数器 C	设定值

3）梯形图元件的查找操作。进入梯形图，进行线圈及触点信号的搜寻，填写实训表 9-3。

实训表 9-3　梯形图元件查找操作步骤

指定操作内容	操作步骤
查找触点	
查找线圈	
查找功能指令	
查找子程序	

4）在原梯形图的第 20 行插入一个网络，写出梯形图编辑操作步骤。

四、成绩评定

实训任务完成情况总体评价及综合成绩评定
实训成绩_____
教师签名_____

实训十 I/O Link 地址分配

班级_____ 姓名_____ 学号_____

一、实训目的

1）理解并掌握 FANUC 0i–D 数控系统 I/O 模块连接的组、座、槽的顺序概念。
2）熟悉各种 I/O 模块的硬件接口，掌握 PMC 画面的信号诊断。
3）掌握 I/O LINK 地址分配的方法，以及地址分配时对应高速地址和手轮的分配应用。

二、实训设备

实训车间或实训室现有的配置 FANUC 0i–D 系统的实训台（装置）或数控机床。

三、实训内容及要求

1）观察实训设备数控系统上各种 I/O 模块的硬件连接，填写实训表 10-1。

实训表 10-1　I/O 模块配置

顺序	模块型名	是否使用手轮	输入输出信号端口名称
0 组			
1 组			
2 组			

2）进入 PMC I/O LINK 检查画面，查看系统当前检测到的 I/O 模块情况，填入实训表 10-2 中。

实训表 10-2　I/O 单元类型

ID	I/O 单元类型

3）进入 I/O LINK 模块设定画面了解当前模块的地址分配情况，填写实训表 10-3。

实训表 10-3　I/O 模块输入输出首地址

	输入首地址	输出首地址
0 组		
1 组		
2 组		

4）结合实训设备 I/O 配置，填写实训表 10-4。

实训表 10-4 常用 I/O 模块

输入模块名称	输入字节数	输出模块名称	输出字节数
0C01I		0C01O	
0C02I		0C02O	
/n		/n	

四、成绩评定

实训任务完成情况总体评价及综合成绩评定

实训成绩_____

教师签名_____

实训十一 FANUC LADDER – Ⅲ软件的使用

班级_____姓名_____学号_____

一、实训目的

1）熟悉 FANUC LADDER – Ⅲ软件界面。
2）熟练操作 FANUC LADDER – Ⅲ软件。
3）掌握 PC 机与 CNC 之间联机调试方法。
4）掌握在线监控 PMC 程序的使用方法。

二、实训设备

实训车间或实训室现有的配置 FANUC 0i – D 系统的实训台（装置）或数控机床。

三、实训内容及要求

1）新建一个 PMC 程序，保存在自己设定的子目录中。编写急停控制的梯形图。

2）打开一个 PMC 程序，按照实训表 11-1 所列任务要求完成对梯形图的操作，并写出操作步骤。

实训表 11-1 PMC 程序编辑操作步骤

序号	任务要求	操作步骤
1	编辑程序标题	
2	重新设定系统参数	
3	编辑符号名称及注释	

(续)

序号	任务要求	操作步骤
4	编辑报警信息	
5	编辑 I/O 模块	
6	编辑梯形图	

3）PC 机与 CNC 在线调试。按照实训表 11-2 所列任务要求完成操作，并写出操作步骤。

实训表 11-2　PC 机与 CNC 在线调试操作步骤

序号	任务要求	操作步骤
1	建立 PC 机与 CNC 的通信	
2	将 PC 机上编写好的程序导入到 CNC 中	
3	PC 机在线读取 CNC 中的 PMC 程序	
4	PC 机在线修改 CNC 中的 PMC 程序	
5	PC 机在线修改 CNC 中的 PMC 参数	
6	PC 机在线监控 CNC 中的 PMC 信号状态	

4）PMC 程序转换操作。按照实训表 11-3 所列任务要求程序转换操作，并写出操作步骤。

实训表 11-3　PMC 程序转换操作步骤

序号	任务要求	操作步骤
1	利用 FANUC LADDER - Ⅲ 软件读取 CF 卡中的 PMC 程序	
2	利用 FANUC LADDER - Ⅲ 软件编写的 PMC 程序转换成 CF 卡格式	

四、成绩评定

实训任务完成情况总体评价及综合成绩评定

实训成绩_____

教师签名_____

实训十二　数控系统典型控制功能的 PMC 编程与调试

班级_____姓名_____学号_____

一、实训目的

1）掌握 PMC 梯形图的编写方法及编写格式。
2）正确使用 X、Y、G、F 信号。
3）正确使用常用功能指令。
4）掌握子程序的使用方法及格式。
5）掌握数控机床典型控制功能的 PMC 程序的编写方法。
6）了解完整的数控机床 PMC 程序结构。

二、实训设备

实训车间或实训室现有的配置 FANUC 0i–D 系统的实训台（装置）或数控机床。

三、实训内容及要求

根据实训设备，以子程序形式完成数控车床、数控铣床以下典型控制功能的 PMC 编程与调试，确保数控机床能够正常运行。

1）紧急停止、循环启动、进给暂停、复位的 PMC 程序。

2）机床工作方式选择（MEM/MDI/EDIT/RMT/JOG/REF/HANDLE）的 PMC 程序。

3）进给轴 JOG 运行及其方向的 PMC 程序。

4）手动、自动进给倍率的 PMC 程序。

5）主轴倍率的 PMC 程序。

6）主轴手动运行的 PMC 程序。

7）主轴自动（M 代码指令）运行的 PMC 程序。

8）操作面板指示灯的 PMC 程序。

四、成绩评定

实训任务完成情况总体评价及综合成绩评定
   　　　　　　　　　　　　　　　　实训成绩＿＿＿＿＿＿＿＿ 　　　　　　　　　　　　　　　　教师签名＿＿＿＿＿＿＿＿

实训十三　机床运行准备信号的确认

班级_____姓名_____学号_____

一、实训目的

1) 掌握机床运行准备信号的作用及使用方法。
2) 掌握 JOG 手动运行和手轮运行的控制原理及使用方法。
3) 掌握循环启动、进给保持的信号地址。

二、实训设备

实训车间或实训室现有的配置 FANUC 0i – D 系统的实训台（装置）或数控机床。

三、实训内容及要求

1) 根据实训设备，列举机床准备信号，并写出各自的作用。

2) 填写工作方式实训表 13-1，写出各自的作用。

实训表 13-1　工作方式

	图例	工作方式	作用
自动运行	AUTO		
	EDIT		
	MDI		
	REMOTE		

(续)

	图例	工作方式	作用
手动运行	 REF		
	 JOG		
	 HANDLE		

3) JOG 运行,应确认以下参数并填入实训表 13-2 中。

实训表 13-2　JOG 运行参数

参　　数	设　定　值	功　　能
1002#0		
1401#0		
1420 (mm/min)		
1421 (mm/min)		
1423 (mm/min)		
1424 (mm/min)		
3003#0、3003#2、3003#3		

4) 手轮运行各轴,填写实训表 13-3 和实训表 13-4。

实训表 13-3　手轮轴选择信号

HS1C (G18.2)	HS1B (G18.1)	HS1A (G18.0)	对应控制轴

实训表 13-4　手轮倍率信号

MP1 (G19.5)	MP2 (G19.4)	倍　率

四、成绩评定

实训任务完成情况总体评价及综合成绩评定
实训成绩＿＿＿＿＿＿＿＿ 教师签名＿＿＿＿＿＿＿＿

实训十四　参考点的建立与调整

班级_____姓名_____学号_____

一、实训目的

1）理解建立参考点的基本原理。
2）掌握常用三种参考点建立的动作过程，以及原点偏置的调整方法。
3）理解 FANUC 系统中的栅格信号。

二、实训设备

实训车间或实训室现有的配置 FANUC 0i – D 系统的实训台（装置）或数控机床。

三、实训内容及要求

1）挡块式返回参考点。设定挡块式返回参考点相关参数，填写实训表 14-1。

实训表 14-1　挡块式返回参考点相关参数

参数	设定值	含义
No1424		
No1425		
No1005#1		
No1006#5		
No1850		

2）无挡块式返回参考点。设定无挡块式返回参考点相关参数，填写实训表 14-2。

实训表 14-2　无挡块式返回参考点相关参数

参数	设定值	含义
No1005#1		
No1815#5 = 1		
No1006#5		
No1425		

3）设定 No1815#5 = 1 后，开机系统显示报警，记录在实训表 14-3 中。

实训表 14-3　APC 报警

	报警	原因
No1815#5 = 1		

4）简述基准点式返回参考点的操作步骤。

5）简述基准点式返回参考点与无挡块式返回参考点的区别。

四、成绩评定

实训任务完成情况总体评价及综合成绩评定
  实训成绩＿＿＿＿＿＿ 教师签名＿＿＿＿＿＿

实训十五 数据备份与恢复

班级_____姓名_____学号_____

一、实训目的

1) 了解数据备份各种方法以及特点，明确在实际工作中的应用场合。
2) 掌握 BOOT 画面下的数据备份与恢复方法。
3) 掌握文本数据的输入/输出、自动备份操作。
4) 掌握 PMC 参数与程序的备份方法。

二、实训设备

实训车间或实训室现有的配置 FANUC 0i–D 系统的实训台（装置）或数控机床。

三、实训内容及要求

1) 使用 BOOT 功能备份数据与恢复。使用 BOOT 功能，把 CNC 参数和 PMC 参数等存储于 SRAM 中的数据，通过存储卡一次性全部备份，完成后填写 BOOT 的系统监控功能实训表 15-1。

实训表 15-1　BOOT 的系统监控功能

序号	内容	功能
1	END	
2	USER DATA LOADING	
3	SYSTEM DATA LOADING	
4	SYSTEM DATA CHECK	
5	SYSTEM DATA DELETE	
6	SYSTEM DATA SAVE	
7	SRAM DATA UTILITY	
8	MEMORY CARD FORMAT	

2) CNC 内部数据的种类和保存处，填写实训表 15-2。

实训表 15-2　CNC 内部数据的种类和保存处

数据的种类	保存处
CNC 参数	
PMC 参数	
顺序程序	
螺距误差补偿量	

（续）

数据的种类	保 存 处
加工程序	
刀具补偿量	
用户宏变量	
宏 P-CODE 程序	
宏 P-CODE 变量	
C 语言执行器应用程序	
SRAM 变量	

3）文本格式的参数备份。完成文本格式参数备份后，填写实训表 15-3。

实训表 15-3　文本格式参数备份记录

序号	数据类型	文件名称	保存处
1			
2			
3			

4）进入系统后，完成 PMC 参数与程序的备份，填写实训表 15-4。

实训表 15-4　PMC 参数与程序备份记录

序号	数据类型	文件名称	功能	保存处
1				
2				
3				

5）数据的恢复操作。

四、成绩评定

实训任务完成情况总体评价及综合成绩评定
实训成绩＿＿＿＿＿ 教师签名＿＿＿＿＿